O Espetáculo da Evolução

Ciência e Cultura

Consultor:

Henrique Lins de Barros

Pesquisador titular do Museu de Astronomia e Ciências Afins, MAST/MCT

Doutor em física

Uma Biografia do Universo
Fred Adams e Greg Laughlin

Telegramas para Marte
Eduardo Dorneles Barcelos

Teorias de Tudo
John D. Barrow

A Caixa Preta de Darwin
Michael Behe

Convite à Física
Yoav Ben-Dov

Gigantes da Física
Richard Brennan

20.000 Léguas Matemáticas
A.K. Dewdney

Formigas em ação
Deborah Gordon

A Escuridão da Noite
Edward Harrison

Inteligências Extraterrestres
Jean Heidmann

A Revolução Científica
John Henry

O Espetáculo da Evolução
Bertrand Jordan

As Origens de Nosso Universo
Malcolm S. Longair

Uma Breve História do Infinito
Richard Morris

O que Sabemos sobre o Universo
Richard Morris

Os Grandes Experimentos Científicos
Michel Rival

O Espectro de Darwin
Michael R. Rose

A Unificação das Forças Fundamentais
Abdus Salam et al.

Será que Deus Joga Dados?
Ian Stewart

De Arquimedes a Einstein
Pierre Thuillier

O Tempo na História
G.J. Whitrow

Uma História Sentimental das Ciências
Nicolas Witkowski

À Beira D'Água
Carl Zimmer

Bertrand Jordan

O Espetáculo da Evolução

Sexualidade, origem da vida, DNA e clonagem

Tradução:
André Telles

Jorge Zahar Editor
Rio de Janeiro

Título original:
Le chant d'amour des concombres de mer

Tradução autorizada da primeira edição francesa,
publicada em 2002, por Éditions du Seuil, de Paris, França

Jorge Zahar Editor
rua México 31 sobreloja
20031-144 Rio de Janeiro, RJ
tel.: (21) 2240-0226 / fax: (21) 2262-5123
e-mail: jze@zahar.com.br
site: www.zahar.com.br

Capa: Sérgio Campante

CIP-Brasil. Catalogação-na-fonte
Sindicato Nacional dos Editores de Livros, RJ.

Jordan, Bertrand
J69e O espetáculo da evolução: sexualidade, origem da vida, DNA e clonagem / Bertrand Jordan / tradução: André Telles. – Rio de Janeiro: Jorge Zahar Ed., 2005
(Ciência e cultura)

Tradução de: Le chant d'amour des concombres de mer
ISBN 85-7110-826-9

1. Biologia – Obras populares. 2. Evolução – Obras populares. 3. Genética – Obras populares. I. Título. II. Série.

CDD 570
04-3182 CDU 573

Sumário

1. A MANHÃ DO MUNDO

A rocha está escura, à flor da água. De tempos em tempos, uma pequena onda a varre, fazendo balançar os tufos de curtas algas verde-amarelas que a recobrem. Sentado na beira, recém-saído do saco de dormir em que passei a noite ao ar livre, adio o instante irresistível e delicioso em que vou deslizar para a água, no frescor dessa manhãzinha ainda sem sol.

Tudo pronto. Um choque logo esquecido: alguns segundos depois sinto-me perfeitamente bem neste mar calmo e escuro que me leva quase sem esforço. Expulso os últimos vestígios de sono mergulhando a cabeça, abrindo bem os olhos e lavando boca e narinas na água amarga. Algumas braçadas: minhas mãos roçam a extensão escura, horizontal, lisa na ausência do vento, e me impulsionam facilmente para o largo. Prendo a respiração e depois, estendido na superfície, dobro meu tórax na direção do fundo ao mesmo tempo que levanto as pernas. Sem máscara, minha visão sob a água é turva, porém suficiente para adivinhar os rochedos, as algas, e me guiar para um solo arenoso que toco com a ponta dos dedos. Um rangido me enche os ouvidos, sinto a água envolvendo todo meu corpo e me apertando com seu abraço fresco e suave. Subo novamente à tona, minha cabeça atravessa a superfície com força, e volto para a costa, bem próxima, já iluminada pelo sol que acaba de despontar no horizonte. Apóio-me na beirada, e eis-me fora d'água. Arrepiado, enxugo-me rapidamente, deito na toalha e, ainda molhado, estimulado e tranqüilo por essa passagem ritual pela água, gozo a plenitude dessa manhã do mundo.

Plenitude da paisagem dominada pela imensa horizontalidade do mar sereno, eterno; linha negra dos rochedos à flor da água, que avançam à minha esquerda; fendas claras das falésias sobre as quais se fecha a baía. Plenitude também na sensação do meu corpo depois desse despertar, que prefiro a qualquer outro. Maravilhosa mecânica de centenas de ossos e músculos harmoniosamente organizados, cujos movimentos coordenados permitem que eu me mova tanto na água como na terra; a carne irrigada por esse sangue que escuto circular pelos batimentos do meu coração, a pele ainda fria que se aquece lentamente ao sol...

Incrível e milagrosa máquina de que a ciência apreende a arquitetura e a organização, ainda que nos detalhes reste muito a aprender. Já realizamos em nossos dias até mesmo o deciframento do mais íntimo desse conjunto, seu genoma, conjunto de informações a partir das quais o embrião produzido pela fusão de duas células realiza essa obra inusitada, a construção de um ser vivo. Esse misterioso livro de magia contendo a informação que fez de mim um homem está integralmente inscrito em cada núcleo de cada um de meus cem trilhões de células, no DNA ali encerrado, DNA cujos três bilhões de "letras" soletram 30 mil genes, 30 mil fórmulas que definem as proteínas necessárias à edificação e ao funcionamento de um ser humano.

O DNA é uma imensa molécula que, desenrolada, mediria perto de dois metros de comprimento. Na realidade, é enrodilhada em pequenos blocos bastante estruturados, os cromossomos, e consiste no núcleo da célula, que mede apenas milésimos de milímetro. No comprimento do DNA se sucedem quatro "bases", entidades químicas ligeiramente diferentes e designadas abreviadamente como A, C, G e T. É a sucessão, a ordem, a *seqüência* dessas bases, A, C, G e T, que constitui as mensagens, os genes, especificando a fórmula das proteínas. O funcionamento de cada um deles passa pela fabricação de uma cópia de trabalho, o RNA mensageiro, que comporta, ele também, quatro tipos de bases cuja ordem respeita fielmente a do DNA, contendo portanto a mesma informação. Depois de sua síntese, o RNA mensageiro deixa o núcleo pelo citoplasma da célula; ali se associa a corpúsculos especializados, os ribossomos, capazes de "ler" sua mensagem e, como máquinas-ferramentas programadas por fita magnética, de reunir a proteína correspondente. Esta irá em seguida desempenhar seu papel na própria célula, ou, ao contrário, será transportada para outra região do corpo para ali exercer sua função.

Enzimas capazes de extrair energia do açúcar ou sintetizar os pigmentos de nossa retina, globinas que garantem o transporte do oxigênio pelo sangue desde os pulmões até cada célula do organismo, queratina de nossas unhas ou de nossos cabelos... é essencialmente pelas proteínas que passa o funcionamento do nosso organismo. Cada proteína é um edifício complexo, formado de centenas ou milhares de aminoácidos cuja disposição é codificada no DNA e realizada pelos ribossomos segundo suas instruções. Nossos cem bilhões de células pertencem a 200 tipos diferentes, e, no seio dessa vasta comunidade, uma coordenação complexa assegura que todas recebam o que precisam (oxigênio, açúcar, hormônios...) e, ao mesmo tempo, forneçam às demais seus próprios produtos.

Essa coordenação se dá em múltiplos níveis. Por ocasião do desenvolvimento, durante a embriogênese, quando as informações contidas no DNA da primeira célula saída da fusão de óvulo e espermatozóide ditam a construção do organismo, ela assegura, no momento e no lugar desejados, o surgimento seqüencial de diferentes tipos celulares especializados e sua imbricação, de maneira a construir um ser cujas engrenagens estejam todas no lugar e funcionando. Coordenação também, depois de construídos o homem ou o animal, que lhes permite reagir ao meio, regular a temperatura, responder aos estímulos do mundo exterior, deslocar-se... Pensemos na extrema dificuldade por que ainda passam nossos melhores especialistas em cibernética, assistidos pelos mais poderosos computadores, para fazer os robôs andarem sem tropeçar lamentavelmente no menor obstáculo...

O deciframento do DNA humano já está realizado no essencial. Decerto, a passagem da seqüência "rascunho" conhecida hoje em dia, com suas lacunas e imprecisões, para uma seqüência perfeita (ou quase), será dispendiosa em tempo e dinheiro. Por sua vez, a verificação exata de todos os nossos genes e a estimativa de seu número a partir dessa seqüência esbarram em dificuldades de certo modo imprevistas. Não deixa de ser verdade que já conhecemos o conjunto de nosso patrimônio genético — ou pelo menos a série das letras que o constituem. Resta-nos compreender toda essa rede complexa de regulações que faz com que uma célula particular, num dado instante e em certas condições, ponha em ação certos genes, aqueles que são necessários à função que ela deve exercer — e apenas estes. É preciso também, e sobretudo, conseguir discernir a maneira como esses 30 mil genes e seus produtos interagem entre si, o que irá exigir provavelmente a descoberta de novas maneiras de abordar questões muito complexas: nossos conceitos e nossos métodos estão mais adaptados ao estudo de A, que estimula B, que age sobre C, que se associa a D — esquema simplista e seguramente artificial por sua linearidade. Isso já começou, e temos uma boa noção dos mecanismos de base, mas a compreensão real desse conjunto é uma tarefa imensa, que exigirá certamente vários anos de esforços e talvez a elaboração de novos conceitos.

O fato inédito, e no entanto comprovado, é que todo esse edifício foi construído pelo jogo de mutações aleatórias. Apesar da abundância das provas de que dispomos, às vezes fica difícil acreditar que sistemas tão imbricados resultem de um processo governado pelo acaso. Pelo acaso... e pela necessidade, isto é, uma seleção que elimina impiedosamente todos os organismos de desempenho insuficiente e, ao contrário, beneficia aqueles que são um pouco mais eficientes que os demais. Realmente é difícil acreditar que a mecânica perfeita de meu corpo — esses olhos que abraçam a paisagem da manhã calma, esses ouvidos que o barulho das ondas penetra, esse cérebro mesmo que reflete... — tenha brotado de um jogo de mutações sem objetivo predefinido, resultado de inumeráveis e sucessivos lances de dados ocorridos ao longo de uma evolução que se perde na noite de milhões, de bilhões de anos. Sei isso intelectualmente, as provas estão à nossa frente tão sólidas quanto possível; eu mesmo topei com elas em meu trabalho de pesquisador... As próprias razões de minha incredulidade podem ser analisadas, e no entanto algo em mim se recusa a admitir tal construção como obra do acaso: parece-me que ela retira do mundo toda significação profunda e, de passagem, nega minha própria existência.

É certamente nisso que reside o fascínio de religiões, ideologias ou mitos que dão um sentido ao Universo, ou, mais modestamente, à história, devolvendo-nos a um conjunto cuja lógica nos reserva um lugar. Ilusões falaciosas, insignificantes e freqüentemente assassinas, como o passado infelizmente demonstrou de modo profuso. Cabe a nós construir a significação da existência humana — se formos capazes —, cuidando para não tomar nossos desejos por realidades, e sem recorrer à emoção nem ao anátema. Ela não é dada, não está inscrita em lugar algum: nenhum ser superior detém a chave dessa estranha, cruel e fascinante aventura que me leva a *ser* durante algumas dezenas de anos. Eu existo e gozo do ambíguo privilégio de ser consciente desta existência — e, ao mesmo tempo, de sua inexorável precariedade. Ínfimo acidente cercado por um balé de moléculas que me ultrapassa irremediavelmente no espaço e na duração, não possuo este corpo e este espírito senão por pouquíssimo tempo, em meio a um cosmo indiferente. Minha única contrapartida talvez seja compreender algo das leis da natureza, da vida, e superar assim minha condição de puro produto de uma cega evolução. Esta compreensão, da qual participo com meu ofício de pesquisador em biologia, e que se apóia no paciente trabalho de milhares de colegas meus espalhados pelo mundo, encontra-se atualmente em plena explosão. É este conhecimento inusitado e insignificante, no seio de uma natureza admirável e no entanto insensível, que eu gostaria de dividir com o leitor...

2. Um exército de macacos

Deslumbrante manhã de janeiro. Sobre o mar quase liso ainda brincam algumas marolas, vestígios do mistral de ontem; os menores detalhes das distâncias se recortam, nítidos, agudos, no ar desbastado pelo vento e pelo frio. Enfio minha velha camisa desbotada, jogo na bolsa alguns badulaques, um pedaço de pão, uma fatia de queijo: saio para passar o dia no cabo Corso.

A ladeira seca sobe em meio às aroeiras margeando um vinhedo recentemente podado. Minhas pernas se libertam pouco a pouco, e passo a sentir toda esta mecânica sutil — músculos, ossos, tendões — "pegar", como um motor que esquenta progressivamente e começa a "funcionar redondo". O sol ainda está por trás das falésias, a picada corre pela sombra. Lá embaixo, o mar deixa ver o verde-turquesa da areia ou o azul-escuro dos herbários de posidônias.* Duas bóias

* Posidônias: gênero de plantas monocotiledôneas caracterizado por flores hermafroditas, nuas, reunidas em espigas ramosas submersas; encontra-se nos fundos marinhos costeiros e são freqüentes em associação com algas marinhas. (N.T.)

de cores berrantes se deslocam lentamente na superfície, assinalando a presença de caçadores submarinos, por sinal inteiramente cobertos por suas roupas de borracha: é a temporada da caça aos robalos. Uma lancha se afasta da costa descrevendo uma curva ampla, e o espocar cadenciado de seu motor repercute nas falésias. Vai deixando uma esteira de flutuadores com bandeiras vermelhas, sinais de uma rede recentemente colocada, enquanto os alcatrazes que a seguem traçam sem esforço aparente trajetórias perfeitas sobre o impetuoso azul do céu.

O atalho se divide, perdendo-se entre fissuras ou passando por desmoronamentos; às vezes um pinheiro morto barra o caminho. Esturricadas por um incêndio, as árvores estão de pé, nuas e descarnadas, até que em dias de vento forte suas raízes apodrecidas estalam e elas caem, arrastando às vezes em sua queda um pinheiro que escapara ao fogo. Vestígios duradouros de um braseiro que, no entanto, remonta a mais de dez anos: as urzes queimaram até a raiz, e os caules enegrecidos dos arbustos de carvalhos mediterrâneos ainda ultrapassam a nova vegetação que cobriu o solo. Terra frágil, solo pobre no meio de pedras que as intensas chuvas de primavera carregam para o mar quando as raízes não as seguram mais. E mesmo nessas condições, tudo dá provas da obstinação da vida: a tenacidade dessas plantas que se enraízam na menor das fendas, de carvalhos que voltaram a nascer a partir da base, desse pinheiro que cresceu sobre um deslizamento de terra e cujo tronco foi descrevendo um círculo perfeito à medida que seu suporte caía: completamente deformado, sustentado apenas por duas ou três raízes esticadas como cordames de barco, desenvolve corajosamente suas agulhas verde-escuras por sobre o vazio...

É claro que a valentia que atribuo a essa árvore não passa de ficção. Difícil porém não conferir uma intencionalidade a toda essa vegetação que se pendura nos rochedos, não ficar impressionado com a teimosia em viver, com a resistência face a circunstâncias tão desfavoráveis. Da urze, que se aproveita do menor recanto de rocha em que se tenha acumulado um pouco de poeira, ao alcatraz que traça no céu um risco perfeito, mas que de súbito mergulha sobre o brilho prateado de um peixe vislumbrado — tudo na natureza dá mostras dessa força vital, dessa determinação a existir. A infinita variedade das formas da vida, a sofisticação do menor inseto ou da mais modesta planta dão vertigem. O comportamento dos animais manifesta uma complexidade que sugere uma reflexão paciente, uma inteligência talvez. E portanto eu, *Homo sapiens*, não seria consciente e senhor do meu destino? Não seria, por natureza, bem mais que uma reunião de moléculas?

Porém, como apontou com perfeição Richard Dawkins, não passamos de máquinas, "robôs desajeitados" construídos pelos genes para garantir sua multiplicação... Mais precisamente, essa função biológica é a única razão de nossa presença sobre a Terra, a única justificativa de nossa existência do ponto de vista da evolução. Aí também a metáfora é exagerada, uma vez que confere intenções, desígnios, aos genes. Os genes são cegos, mas aqueles cujas particularidades tornam sua propagação mais provável se perpetuam ao longo das gerações. Essa afirmação simplista, quase tautológica, parece claramente incapaz de explicar o surgimento de organismos sofisticados: decididamente temos dificuldade em admitir que os seres vivos, nós inclusive, sejam o resultado de um processo regido pelas leis da matéria e governado pelo acaso.

Nosso planeta tem mais de quatro bilhões de anos. A vida apareceu aqui muito cedo, pelo menos um bilhão de anos depois de sua formação. Deflagrou-se então o incrível processo da evolução, que primeiro deu origem a uma rica profusão de seres unicelulares cujos vestígios subsistem em sedimentos extremamente antigos. Muito rápido, as regras do jogo foram fixadas: os primeiros organismos cujos vestígios encontramos já tinham uma memória molecular, uma molécula de DNA capaz de estocar as instruções necessárias à fabricação de algumas proteínas. Essa memória podia ser reproduzida, recopiada por ocasião da divisão de uma célula viva que se tornasse muito grande, a fim de que cada uma de suas "filhas" detivesse as mesmas informações. Transmissão indispensável, suficientemente fiel para que o essencial da mensagem fosse conservado, mas ocasionalmente contendo erros que resultavam em pequenas alterações. Essa alteração, essa mutação, era o mais das vezes "neutra": não decorria daí nem vantagem nem inconveniente. Era às vezes deletéria, anulando uma função vital e provocando o desaparecimento de seu portador. Finalmente, certas vezes, muito raramente, melhorava as chances de sobrevivência do indivíduo, tornando-o mais resistente ao calor, mais ágil ou um pouco mais capaz de assimilar um elemento nutritivo. A bactéria mutante, com melhor desempenho nesse meio que suas coirmãs, multiplicava-se mais rapidamente que elas, e, pouco a pouco, a nova versão do gene prevalecia na população.

Esse é um processo aleatório e rudimentar, sobre o qual dificilmente imaginamos que pudesse levar à construção de uma árvore, uma abelha ou de um homem. É nesse ponto que nossa imaginação trai sua estreiteza. A duração em causa e o número de organismos postos em ação são propriamente inconcebíveis: impossível apreendê-los. Realmente não somos capazes de representar números muito grandes, como lembra a mítica desventura do rei da Pérsia. Um aventureiro que, em troca de serviços prestados, pediu ao soberano que o pagasse simplesmente colocando um grão de arroz na primeira casa de um tabuleiro, dois na segunda, quatro na terceira e assim por diante, dobrando a cada vez. A princípio espantado com a modicidade do pedido, o soberano logo cairia em si: a septuagésima quarta casa teria que ser preenchida com bilhões de toneladas de arroz, bem mais que a produção atual da Terra inteira... Representamos com dificuldade os números além do milhão ou, com extremo rigor, do bilhão. Já a evolução põe em jogo números muito grandes (mas não infinitos) que tornam possíveis e mesmo prováveis transformações *a priori* inimagináveis.

Também hesitamos em aceitar que a criação repouse no acaso. Para demonstrar o absurdo dessa idéia, alguns compararam o processo de evolução a um exército de chimpanzés datilografando aleatoriamente as teclas de uma porção de máquinas de escrever: depois de um número suficiente de anos, deveria se encontrar uma obra de Shakespeare no meio dos inumeráveis textos assim produzidos... Isso nos parece impossível, e dessa vez a intuição não nos engana. Um cálculo rápido mostra que se mil macacos colaborassem na empreitada, o número de anos necessário para que essa eventualidade se torne provável será expresso por uma cifra bem superior ao número de moléculas de água contidas no mar, e até mesmo ao número total de átomos do universo. Mas, justamente, a evolução não age como um batalhão de macacos. As mutações aparecem ao acaso, mas a seleção realizada pelo meio orienta constantemente o processo, eliminando sumariamente as variantes ruins e permitindo, ao contrário, a multiplicação daquelas um pouco mais aptas (nas condições do dia) de se multiplicar e constituir um imenso reservatório de indivíduos a partir dos quais novas mudanças poderão surgir. Cada passo dado no "sentido correto" (embora esse sentido não seja previamente conhecido) logo se encarna em milhões de organismos, multiplicando assim as chances de que uma mutação ocorrida ao acaso permita efetuar um passo suplementar em direção a um sistema mais bem adaptado. Ao contrário, tendo sofrido mutações deletérias, os genes que prejudicam as performances de seus portadores são progressivamente eliminados da população. Não esqueçamos que, em condições favoráveis, as bactérias se dividem toda hora: o mesmo número de gerações em um ano do total de nossa espécie desde o surgimento do homem moderno, há aproximadamente duzentos mil anos...

Depois de quase três bilhões de anos de sucessos e fracassos, alguns desses micróbios evoluíram de maneira complementar, desenvolveram uma espécie de simbiose e se associaram, formando os primeiros esboços de organismos multicelulares. A constituição dessas comunidades de células interdependentes abriu novas e fantásticas possibilidades, pois permitiu a especialização: as células passaram a assumir papéis distintos, não precisando mais ser responsáveis por tudo, e uma verdadeira organização se pôs em ação, construindo órgãos que são também máquinas aperfeiçoadas. Bem recente na escala geológica, já que remonta "apenas" a 600 ou 700 milhões de anos, a invenção dos *metazoários* subverteu as regras do jogo e levou ao surgimento de organismos cada vez mais complexos. Estes evoluíram numa velocidade incrível, modificando a disposição de seus genes graças ao emprego sistemático de uma invenção já antiga, a sexualidade. Alguns dentre eles deixaram o mar, no qual haviam surgido, e colonizaram as terras emersas, ao passo que outros conquistaram os ares. No curso de milhões e milhões de anos, ocuparam todos os hábitats existentes, às vezes modificando-os, enfrentaram-se, desenvolvendo as estratégias mais sutis, e seu comportamento tornou-se extremamente sofisticado.

Eis que finalmente surge num desses animais a consciência, essa bizarra característica mental que erigimos em nossa glória. Mudança qualitativa, salto quântico que manifesta a intervenção de uma entidade transcendente, como sustenta uma Igreja Católica, que mal acaba de se resignar a admitir a realidade da evolução? A hipótese é claramente inútil. As necessidades da vida num meio cada vez mais complexo obrigam a criatura a se tornar capaz de previsão, de modelar o mundo que a cerca e, sob certo aspecto, incluir-se ela própria nesse modelo. Ao mesmo tempo tornou-se capaz de conceber sua própria existência, de se olhar do exterior, adquiriu o elemento essencial do que chamamos de consciência: ele *se* representa, *se* pensa...

Foi a essa habilidade que meu ancestral africano, tão próximo, deveu sua sobrevivência na savana, onde passava constantemente do papel de caçador ao de caça. É ela também que me permite, atualmente, fazer tal recuo e perceber o que sou: uma máquina construída entre erros e acertos pelos genes imortais e que só existe para assegurar a multiplicação desses próprios genes. Posição bem modesta em relação às nossas ilusões passadas sobre o homem criado por Deus à sua imagem, ou mesmo sobre a espécie humana, desfecho e ápice de uma evolução teleonômica* que supostamente tende para um objetivo definido... Não, não passo de um robô de-

* Teleonomia: doutrina segundo a qual a existência de uma estrutura ou função em um organismo deve-se às vantagens seletivas por ela proporcionada. (N.T.)

sajeitado, uma mistura de tijolo e pó, presente na atualidade unicamente porque se verificou mais eficiente que outros na multiplicação de algumas moléculas de DNA. Em contrapartida, um instrumento que sente o sol sobre sua pele, usa com prazer seus músculos na picada escarpada, abraça com os olhos o horizonte imenso e dele recebe algo como uma profunda lufada no peito...

Enquanto avanço pelo caminho, o sol aparece, iluminando inicialmente os pinheiros à beira d'água, lá embaixo, depois subindo pouco a pouco o aclive. Em frente, do outro lado do golfo, as pedras brancas das angras alcantiladas resplandecem; a ilha escarpada ao redor se destaca sobre uma superfície difusa e metálica. Na virada do atalho, a paisagem se abre de repente. Eis-me aqui, agora, em frente à ponta, sempre bem acima do nível do mar. Com as encostas cobertas de *maquis*,* as poucas árvores que escaparam dos incêndios estão inundadas de sol; a costa se prolonga em ilhotas de formas agudas cujas rochas vermelhas flamejam contra o azul profundo do mar. Quantas vezes segui esse atalho, descobrindo com o mesmo entusiasmo esse panorama que no entanto me é tão familiar. É um cabo que acredito conhecer, e de que sempre descubro novos aspectos. Luz mutante, cristal dos dias de vento do Norte, algodão da bruma de calor, ou céu baixo e escuro de tempestade sublinhando a formidável horizontalidade do mar. Vegetação que, apesar da predomi-

---

* *Maquis*: matagal resistente típico da região mediterrânea, misto de carvalhos, arbustos, mirtas, urzes, loureiros-rosa, que caracteriza os solos siliciosos dos maciços antigos; os membros da Resistência Francesa durante a Segunda Guerra Mundial eram por analogia conhecidos como *maquis*. (N.T.)

nância das plantas resinosas, oferece mil mudanças sutis ou exuberantes: giestas* da primavera original que subitamente vestem as encostas de um amarelo vivo, frágeis corolas róseas rapidamente fenecidas dos cistos,** brilho vermelho das urzes no outono... Atmosfera ágil e gelada dos dias de mistral no inverno, carregado de fragrâncias primaveris em abril, ou odores resinosos intensos quando o sol de agosto se abate sobre o *maquis* imóvel e o caminhante imprudente.

Caminhante efêmero, que terá desaparecido bem antes que essas rochas se esboroem, enquanto o mar eterno prosseguirá quebrando nessa praia; frágil construção originária das leis da matéria e dos jogos do acaso que, no entanto, supera radicalmente sua condição ao se verificar capaz de captar sua natureza... Espero manter a consciência, neste momento tão sutil, do que a vida tem de simultaneamente insignificante e precioso. Que essa verdade sempre renovada afaste os consolos ilusórios, a satisfação a perder de vista de um ego sempre carente, ou o deslumbre pelas insignificantes posses materiais! Longe das religiões enganadoras, das ideologias mortíferas e dos ódios absurdos, que permaneçam a consciência da beleza, a emoção, o amor, o conhecimento: tudo que faz realmente a vida valer a pena.

---

* Giesta: designação comum a vários arbustos da família das leguminosas freqüentemente usada por suas propriedades medicinais ou para o fabrico de vassouras. (N.T.)

** Cisto: designação comum às plantas do gênero *Cistus*, arbustivas, comuns nas ilhas Canárias e na costa do Mediterrâneo. (N.T.)

3. Um belo presente de Natal

Ser pesquisador em biologia não é de modo algum o que se imagina. O tempo mítico dos profundos pensadores solitários evidentemente já passou: hoje nossa pesquisa consiste num trabalho de formiga, numa acumulação de galhinhos, pequenos fatos, dados, lenta construção da qual participam milhares e milhares de pessoas pelo mundo. É também, na maior parte do tempo, um trabalho manual para o qual a destreza, a precisão e a capacidade de permanecer alerta durante longas e tediosas manipulações são tão importantes quanto a vivacidade intelectual. Isso sem falar em todas as atividades "paralelas" que se tornam cada vez mais invasivas à medida que o cientista avança em idade e sobe na hierarquia: a busca perpétua de subvenções, a redação de inumeráveis projetos, relatórios, resenhas, pareceres sobre os quais às vezes nos perguntamos se algum dia alguém os lerá, a delicada gestão dos conflitos de poder ou de pessoas no seio da equipe ou do laboratório...

Ficam no entanto momentos memoráveis, que iluminam uma existência afinal de contas rotineira demais. Para mim, o mais forte desses instantes se deu há uns 20 anos, quando, depois de ter decifrado um pequeno fragmento de DNA, soube que finalmente descobrira o gene que eu buscava. Tratava-se de um gene humano de histocompatibilidade, assim chamado porque dirige a síntese de uma proteína chamada HLA, que desempenha papel importante no funcionamento das defesas imunológicas do organismo. Secundariamente, essa proteína intervém no fenômeno da rejeição em casos de enxerto de órgãos, daí o termo histocompatibilidade (compatibilidade dos tecidos).

Estávamos no início da era da "engenharia genética", conjunto de técnicas que, a partir de 1975, tornou os genes realmente acessíveis à experimentação e permitiu que tivesse início o seu deciframento. Desde os anos 1940 sabíamos que os genes estavam inscritos no DNA, e em 1953 a forma da dupla hélice dessa molécula havia sido a grande descoberta de Watson e Crick; mas somente 20 anos mais tarde começou-se a dispor de métodos que permitiam isolar os genes e estudá-los em detalhe. Aperfeiçoadas nos Estados Unidos, essas técnicas tinham começado a se espalhar pela Europa, sendo porém dominadas apenas por alguns laboratórios. Pouco a pouco, à custa de grandes esforços, os genes que intervinham nos grandes sistemas biológicos já conhecidos eram isolados, decifrados e submetidos a estudos detalhados que geralmente resultavam em novas descobertas. O sistema imunológico, esse mais que complexo conjunto de mecanismos graças ao qual nosso organismo se defende contra as infecções microbianas, parasitárias ou virais, fazia parte dos domínios ativamente explorados.

Pude trabalhar algum tempo com pesquisadores do Instituto Pasteur que estudavam o sistema de histocompatibilidade nos camundongos, retornando ao meu laboratório de Marselha com o fruto desses esforços: alguns pequenos e preciosos frascos de vidro. Cada um deles continha um "clone", uma colônia de bactérias produzida por divisões sucessivas a partir de uma única bactéria inicial que recebera um fragmento de DNA humano. As manipulações realizadas no Instituto tinham consistido em selecionar, entre centenas de milhares desses clones, aqueles cujo fragmento de DNA humano se parecia com um DNA de camundongo já isolado, e o qual meus colegas haviam provado que correspondia a um gene de histocompatibilidade nesse roedor. No nível dos genes, o parentesco entre o homem e o camundongo sugeria que o segmento humano assim selecionado pertencesse ao gene correspondente. Todavia, na época, esta era uma aposta ousada, pois ainda se ignorava a que ponto nossos genes se assemelhavam aos desse roedor. Esperávamos que o gene buscado se encontrasse no meio dessas duas dezenas de clones, o que estava longe de ser seguro. Para ficarmos certos disso, era preciso decifrar a mensagem inscrita nesses segmentos de DNA e compará-la com o que sabíamos acerca da proteína HLA.

Tinha portanto começado a longa série de manipulações que permitiam, a partir de um clone, obter uma cultura de bactérias, depois dela extrair o DNA e isolar o fragmento do DNA bacteriano. Em seguida, sobre esse fragmento purificado, uma complexa série de reações que geravam a intervenção de moléculas radioativas, enzimas e reagentes químicos permitia chegar por fim ao deciframento de uma pequena parte da mensagem inscrita no DNA, isto é, à leitura de algumas dezenas de bases C, A, T ou G. São as mesmas técnicas que atualmente permitem o deciframento de extensíssimas regiões de DNA, cromossomos inteiros, e que resultaram na leitura quase integral do conjunto do DNA humano no verão de 2000; mas foram aprimoradas, robotizadas, tornadas bem mais rápidas e confiáveis, e não utilizam mais moléculas radioativas. Na época de que falo, tudo era feito a mão, e o pesquisador se transformava por longos períodos em tarefeiro, manipulando minúsculos tubos de plástico, neles depositando ínfimas gotículas de reagentes (que ao mesmo tempo precisavam ser medidas de maneira bem precisa) e fazendo agir diferentes enzimas durante períodos de "incubação" de algumas dezenas de minutos. Um trabalho manual aparentemente estúpido que pedia, no entanto, atenção constante, pois o erro da manipulação em geral se traduzia por um resultado inexplorável...

A fase final da operação consistia em desenvolver numa câmara escura um filme fotográfico do formato de um livro grande, sobre o qual os resultados se inscreviam sob a forma de diversas séries de faixas pretas espaçadas com maior ou menor regularidade: era a disposição dessas faixas que tornava possível deduzir a ordem na qual se sucedem as bases na extensão do DNA, sua seqüência. Atualmente, essa fase é efetuada por "seqüenciadores" automáticos que tratam uma centena de experimentos ao mesmo tempo e inscrevem diretamente os resultados no disco rígido de um computador. Naquele dia eu estava desenvolvendo o filme correspondente ao meu primeiro experimento, realizado sobre o primeiro clone escolhido. Suspense: o experimento teria "funcionado"? Em manipulações tão complexas não é preciso muita coisa — uma solução velha demais, uma enzima mal dosada ou uma desatenção por ocasião do acréscimo de um reagente — para que, no processo, o filme permaneça virgem ou, ao contrário, todo preto, ou, ainda, coberto de faixas difusas e não interpretáveis. Naquele dia o experimento fora bem-sucedido: belas faixas pretas, bem nítidas, dispostas em colunas regulares, sem elementos desfocados ou rebarbas, indicavam que tudo correra bem e a manipulação seria interpretável.

Faltava interpretá-la. Sem sequer esperar que o filme secasse, coloquei-o sobre uma mesa de luz, peguei um lápis e uma folha de papel e comecei a inscrever a série das letras que revelava a disposição das faixas: "ATCTCTGACCATGAGGG CACCCTG..." É preciso traduzir essa seqüência, que não tem significação direta, com a ajuda do "código genético", descoberto em 1964, que faz com que cada grupo de três letras do DNA, cada "códon", corresponda a um dos 20 aminoácidos que constituem as proteínas (uma proteína sendo definida pelo número e pela ordem, a seqüência, dos aminoácidos de que é formada). Isso pode ser feito de diferentes maneiras: na série das letras do DNA, nada mostra como posicionar os grupos de três letras. A seqüência indicada pode então ser lida de três maneiras, ou melhor, seis, uma vez que o experimento também não diz se deciframos o DNA do lado "direito" ou do "avesso".

Em alguns minutos (e sempre "manualmente"; hoje em dia os computadores se encarregam de tudo...) eu inscrevera em minha folha quadriculada as seis possibilidades. Uma delas parecia pouco interessante, já que continha dois desses códons TGA que, na linguagem do DNA, significam "fim de mensagem": evidentemente podemos cair por acaso no fim de um gene, mas a probabilidade é baixa, e um resultado desse tipo em geral denota que não se escolheu um bom enquadramento de leitura. Restavam cinco interpretações possíveis, que logo comparei com a única fórmula então conhecida de uma proteína de histocompatibilidade, a da proteína HLA B7. Se eu tivesse a sorte de meu DNA vir daquele gene, se minha seqüência de DNA caísse numa região codante (mesmo no interior dos genes numerosas regiões não são traduzidas em proteínas) e se minha leitura estivesse correta, ali devia forçosamente haver uma semelhança. Uma de minhas cinco leituras apresentava, depois da tradução, a série de aminoácidos "ISDHEGTL", uma pequena parcela da proteína que esse DNA podia significar. Ora, eu via na proteína HLA B7 uma região correspondente à fórmula "ISDHEGTL"... A mesma seqüência, à exceção de um aminoácido! Diferença ela própria explicável pela variabilidade elevada dessas proteínas, que existem sob formas ligeiramente diferentes segundo os indivíduos, a ponto de terem sido utilizadas para identificação biológica antes da descoberta das imagens de DNA. Havia poucas chances daquela dessemelhança ser explicada pelo acaso... A leitura da centena de bases decifráveis a partir desse filme devia confirmar cabalmente essa primeira indicação: eu acertara, o fragmento de DNA humano analisado continha de fato um gene HLA, e eu tinha a prova formal disso. Eram nove horas e dez minutos do dia 22 de dezembro de 1980, e eu acabava de ganhar o meu presente de Natal: era, aparentemente, o primeiro no mundo a ter isolado um gene de histocompatibilidade humano.

Satisfação pequena, dirão. Em suma, um avanço muito técnico, uma série de manipulações no final das quais se adquire a certeza (na prática) de ter de fato isolado um certo gene humano. Será isso o que se chama uma descoberta em biologia? A referência idealizada às grandes descobertas do passado e a apresentação pela mídia dos achados atuais dão uma idéia totalmente falsa da maneira como se faz avançar a pesquisa em biologia. Trata-se, na realidade, de uma sucessão de pequenos progressos, pequenos seixos acrescentados a uma construção paciente que às vezes é preciso recomeçar toda de novo ao percebermos que uma das hipóteses de partida não se sustenta. As verdadeiras grandes descobertas são raras, raríssimas. O isolamento do primeiro gene de histocompatibilidade humano, seguido alguns meses depois pelo seu completo deciframento, não era uma proeza desse tipo. Constituía porém uma etapa notável na compreensão molecular do sistema imunológico, um desafio importante para uma boa dezena de laboratórios mundo afora, e me valeu, além das publicações prestigiosas e da estima de meus colegas, um presente inesperado: a medalha da Ordem do Mérito, acompanhada de um belo diploma com a assinatura de François Mitterrand...

Contei essa história na primeira pessoa. O momento de intensa iluminação, a revelação aqui descrita, foi de fato vivido na solidão de uma manhã de trabalho no laboratório. Mas, receoso de cultivar a imagem falsa e ainda difundida do pesquisador solitário, apresso-me em destacar que esse resultado repousava em todo um trabalho prévio da equipe do Instituto Pasteur, cujo gene de camundongo servira de isca para a pesca do gene humano. E que sua concretização — a passagem do pequeno fragmento de seqüência de DNA provando que fizéramos o deciframento integral do gene "correto" e a publicação de resultados verificados numa revista científica de grande alcance — deveria constituir um trabalho de equipe que implicava a parceria de dois jovens colaboradores que se lançaram de corpo e alma no empreendimento, conscientes da oportunidade que nos estava sendo dada e do que estava em jogo no caso de um eventual sucesso.

Esse grande sucesso, esse avanço importante, não era no entanto uma criação nem uma invenção: a seqüência decifrada naquela manhã de dezembro preexistia a toda leitura. A propósito, é nesse sentido que o patenteamento das seqüências de DNA nos choca: apesar de todas as boas razões que se pode encontrar para isso, essa apropriação de uma descoberta incomoda ainda mais por se tratar de "proteger" (no sentido industrial, isto é, de certo modo, se apropriar...) nosso patrimônio genético. A seqüência lida naquele dia era de fato extraordinariamente antiga. A evolução é uma realidade, e naturalmente repousa na modificação aleatória das seqüências de DNA, mas seu ritmo é muito lento: para um gene como aquele, a estimativa é de aproximadamente uma mutação a cada milhões de anos. Esse gene HLA decifrado em dezembro de 1980, portanto, já figurava (à exceção de algumas letras, talvez) no genoma de um remoto ancestral simiesco, bem antes do surgimento do *Homo sapiens*... Atravessara os milênios, incansavelmente transmitido de cada célula para suas descendentes, de geração em geração, enquanto o primata se tornava bípede, aprendia a confeccionar ferramentas, descobria o fogo e depois a linguagem, até que finalmente os homens tivessem um belo dia se tornado capazes de decifrar seu próprio material genético e que um deles lesse essa mensagem. Essa manipulação, afinal de contas banal, feita por um pesquisador em seu laboratório, mostra claramente a força, o grau de intimidade atingido pela genética nos dias de hoje e a vastidão dos espaços que ela nos permite apreender. Não é por isso que compreendemos realmente o funcionamento do organismo ou mesmo do genoma, mas, assim mesmo, há algo de verdadeiramente fabuloso nesse conhecimento recém-adquirido...

4. A SOPA PRIMITIVA

Rochas negras, ardentes, paisagem mineral golpeada pelo sol que não poupa nenhuma árvore, nenhum arbusto. Avanço, torcendo os tornozelos entre os blocos instáveis, esmagado pelo calor, os ombros queimando. Nesse ambiente sem vida, experimento profundamente a fragilidade de minha existência, a vulnerabilidade dessa pele, desses músculos, desse sangue que não resistiriam a dois ou três dias aqui sem água. Um toque de verde numa reentrância de rochedo: é um tufo de salicórnias* que consegue sobreviver, suportando o sol tórrido, a maresia, e esticando ano após ano seus curtos caules musgosos e inflados por uma seiva produzida não sei como. Vida frágil e ameaçada, que no entanto achou jeito de vir à luz no meio de rochas, lava e areia, há quase quatro bilhões de anos...

Aparição maravilhosa e inverossímil, superficialmente assimilável ao fenômeno da geração espontânea, esse mito

---

* Salicórnia: designação comum às ervas suculentas do gênero *Salicornia*, cosmopolitas, que habitam os litorais ou outros ambientes salinos, algumas delas consumidas, como o espinafre. (N.T.)

cujos alicerces Pasteur (com alguns outros) demoliu no século XIX. Essa inverossimilhança não deixa de me embaraçar quando discuto com aqueles, ainda numerosos, que recusam a evolução. Negação de ordem religiosa, como esses fundamentalistas da Bible Belt, nos Estados Unidos, que insistem numa leitura literal do livro sagrado e fazem a origem da Terra remontar a menos de dez mil anos, ou como as Testemunhas de Jeová, que sustentam que os dinossauros e o homem coexistiram, ao passo que 65 milhões de anos os separam. Sem chegar a esse ponto, muitos de nossos contemporâneos permanecem céticos e, no fundo de si próprios, não aceitam que a evolução seja a única razão de nossa presença sobre a Terra. Atitude freqüentemente ligada, me parece, a um orgulho mal formulado: "Sou o ápice e o desfecho da pirâmide dos seres vivos; não há dúvida de que há um desígnio por trás disso." O desconhecimento das durações e dos números de indivíduos implicados na evolução das espécies também contribui para tornar esse processo aparentemente inverossímil. A discussão com os "antievolucionistas" é ora interessante, ora estéril, quando estes amenizam seu preconceito contra o *establishment* (que represento nessas ocasiões) e a necessidade de ter razão a qualquer preço... Em todo caso, o surgimento da vida é o acontecimento para o qual mais me faltam argumentos concretos nessas discussões.

Para mim, como para a maioria dos cientistas, esse acontecimento coloca definitivamente problemas intelectuais temerários. Como conceber a passagem do inanimado para o vivo? Como imaginar a eclosão *ex nihilo* de um organismo? A mais elementar das bactérias atuais, a despeito de suas ínfimas dimensões, é um ser vivo extraordinariamente sofisticado, e esta sofisticação é indispensável à sua existência.

Dispõe de pelo menos mil genes, fabrica diversas proteínas diferentes, e, em seu nicho ecológico, apresenta comportamentos adaptados às diversas circunstâncias que podem advir: mudanças de substrato nutritivo, variações da temperatura, agressões de vírus especializados, os *bacteriófagos*, defesa contra os antibióticos inventados pelo homem... Os primeiros organismos eram seguramente mais simples, mais rudimentares, sendo no entanto capazes de assimilar elementos nutritivos, de se reproduzir e reagir às mudanças das condições do meio.

Evidentemente não resta nenhum vestígio palpável dessa época. Os primeiros fósseis reconhecíveis sem ambigüidade como seres vivos, bactérias filamentosas encontradas em sedimentos remontando a cerca de três bilhões e meio de anos, correspondem a organismos já bem estruturados. O começo dessa vida de que somos uma encarnação provisória permanecerá para sempre envolvido em mistério... Continuamos inclusive nos perguntando qual era a temperatura na superfície dessa Terra primitiva (50°C, 100°C, 200°C?) e nos interrogando sobre a composição de sua atmosfera — da qual o oxigênio estava quase certamente ausente, uma vez que resulta justamente do desenvolvimento da vida vegetal.

Já há dezenas de anos os cientistas vêm tentando reconstituir as condições da Terra primitiva e estudar as reações químicas que podiam reinar naquela época. Num planeta nitidamente mais quente que hoje, deviam estar presentes as moléculas que detectamos em outros planetas: água, gás carbônico, metano, amoníaco... Sob a ação da luz e dos impulsos elétricos produzidos pelos raios, esses compostos eram capazes de dar origem a moléculas mais complexas, sobretudo aminoácidos: o que o norte-americano Leslie Orgel produziu em laboratório no entreguerras. Com o tempo, essas moléculas podiam ser encontradas em quantidade relativamente grande na superfície da Terra, em solução nos pântanos ou oceanos. Nessa "sopa primitiva", segundo a expressão consagrada, reações químicas entre esses produtos são possíveis. O primeiro passo da vida deve ter sido o surgimento, ao acaso dessas reações, de um "replicador" (para retomar, mais uma vez, uma formulação de Dawkins), uma molécula que propicia a formação de outras moléculas do mesmo tipo, exatamente como o cristal de cloreto de sódio que lançamos numa solução saturada de sal de cozinha desencadeia a formação de outros cristais. Ainda não era a vida, mas começava a chegar perto dela.

Imaginemos que o replicador fosse capaz de atrair diferentes moléculas esparsas na sopa, e que essas moléculas, uma vez assim próximas umas das outras, se combinassem para formar um novo exemplar do replicador. Reprodução grosseira, bem distante dos fins mecânicos que reinam atualmente no mundo vivo, mas de todo modo reprodução. Ela devia também, como toda reação química, comportar um erro de tempos em tempos, resultando na síntese de um novo exemplar ligeiramente diferente. Uma mutação, de certa maneira, cujo resultado era em geral um "mau" replicador, mas às vezes uma entidade mais eficaz que seu "parente", mais apta a atrair moléculas esparsas ou mais resistentes às influências destrutivas do meio.

A partir daí, a mecânica da evolução podia se deflagrar e tender para uma crescente complexidade. Complexificação fundada na competição entre diferentes tipos de replicadores para captar moléculas presentes em abundância na origem, mas pouco a pouco escassos, em função justamente da presença desses "predadores". Etapa após etapa, conjuntos cada vez mais aptos se formaram, e, ao longo de milhões, de bilhões de anos, os replicadores se tornaram a vida tal como a conhecemos atualmente. A evolução é um mecanismo incessante desde que exista o replicador... A dificuldade, a aparente inverossimilhança, se situa bem no início, no estágio da formação das primeiras entidades. Porém, aqui também essa inverossimilhança repousa em grande parte nos limites de nossa intuição, em nossa incapacidade de manejar espaços e durações incomensuráveis, em nossa dificuldade de compreender que um acontecimento pouquíssimo provável na escala de uma vida humana pode se tornar quase certo se o espaço de tempo considerado for medido em centenas de milhões de anos. A isso se somam a ausência de qualquer vestígio tangível das primeiras aparições da vida e a impossibilidade de recriar o fenômeno em laboratório.

O esquema atual da vida — DNA estocando a informação genética, assegurando a replicação e a perenidade, RNA constituindo a cópia de trabalho, proteínas encarregadas de efetuar as tarefas operacionais dentro e fora da célula — deve ter-se posto em ação por etapas. Nos primórdios, o RNA provavelmente desempenhava um papel central. Segundo pesquisas realizadas há cerca de 20 anos, as moléculas de RNA, formadas de uma única cadeia e, logo, bem mais flexíveis que a dupla hélice rígida do DNA, podem se enrolar nelas mesmas e tomar uma forma precisa. Isso lhes permite, em alguns casos, terem por si mesmas uma atividade enzimática, desempenhar de algum modo o papel de proteína: são chamadas "ribozimas", enzimas à base de ácido ribonucléico. Ao mesmo tempo, o RNA também pode, assim como o DNA, garantir sua própria replicação, como ainda é o caso atualmente para diversos vírus cujo material genético é por ele constituído.

A hipótese de um "mundo RNA" nos primórdios da vida é portanto bastante verossímil, amparada que está em propriedades químicas cuja comprovação valeu um Prêmio Nobel a seu autor, Tom Czech. Apoiada também em alguns vestígios que podemos encontrar em organismos atuais, sobretudo em bactérias bem particulares — as arquéias ou arqueobactérias, capazes de viver nos gêiseres ou no fundo dos oceanos, na proximidade de fontes vulcânicas de temperatura bastante elevada e na total ausência de oxigênio, condições não muito diferentes do que imaginamos ser o "clima" primitivo de nosso planeta.

Uma recente descoberta fornece uma base suplementar a essa hipótese: trata-se da elucidação da estrutura do ribossomo. O ribossomo é a máquina-ferramenta que recebe a cópia de trabalho do gene (a molécula de RNA mensageiro) e fabrica uma proteína agrupando aminoácidos segundo as instruções inscritas nesse RNA. Os ribossomos são edifícios complexos, comportando diversas moléculas de RNA (distintas, claro, do RNA mensageiro) e diversas dezenas de proteínas. O conjunto forma uma estrutura compacta que se desloca ao longo do RNA mensageiro lendo sua seqüência e reunindo enquanto isso a proteína correspondente. A construção da proteína, além da identificação dos aminoácidos a incluir, comporta reações químicas que asseguram as ligações entre aminoácidos na cadeia constituída por essa proteína.

Pensava-se em geral que essas reações eram dirigidas pelas proteínas do ribossomo que agiriam conjuntamente como uma enzima, o RNA ribossômico, que estava ali presente como uma espécie de esqueleto, de armação ligando, uns aos outros, todos esses constituintes, para deles fazer um edifício sólido e coerente. Mas a elucidação da forma precisa do ribossomo, trabalho titânico efetuado há mais de dez anos por diversas equipes de pesquisadores, mostra de maneira convincente que não é nada disso: O "sítio catalítico", o lugar onde se realizou a conexão dos aminoácidos, é constituído unicamente de RNA! O ribossomo é ele próprio uma ribozima. Uma molécula de RNA é portanto capaz de garantir a síntese protéica; as proteínas que atualmente fazem parte do ribossomo deverão aparecer mais tarde na evolução, e afinal só desempenham um papel secundário. O "mundo RNA" primitivo vai-se tornando cada vez mais verossímil... A transição posterior entre um mundo RNA e a matéria viva tal como a conhecemos não passa de uma representação lógica e facilmente concebível.

Admitamos contudo que todas essas hipóteses são frágeis, e talvez assim permaneçam para sempre. Estamos raciocinando sobre verossimilhanças, sem dispor — e por todos os motivos — de elementos comprobatórios, vestígios irrefutáveis. Quanto mais me sinto capaz de demonstrar a realidade da evolução para um criacionista de boa-fé, disposto a acompanhar um raciocínio lógico e se esforçar por compreender as bases da biologia molecular, mais cruelmente me faltam argumentos para provar a um crente que a vida surgiu na Terra sem ter de recorrer à operação do Espírito Santo. As reações químicas que conhecemos, alguns exemplos flagrantes de auto-organização de sistemas moleculares, alguns vestígios deixados nos genomas por esse longínquo passado... isso basta para tornar plausíveis nossas explicações, verossímeis os mecanismos que invocamos, embora não constitua uma prova científica. Naturalmente, nossa incapacidade de descrever de maneira detalhada, comprobatória e convincente o surgimento da vida não implica de modo algum que seja preciso apelar para um Criador: simplesmente, não nos sentimos tão à vontade quanto em outros domínios para afirmar a total inutilidade dessa hipótese...

5. A MÚSICA DAS ESFERAS

A noite já caiu há bastante tempo na hora que saio do restaurante do porto. Jantei ali com motociclistas que conheci no barco, mas em vez de montar minha barraca perto deles, dirijo-me para a praia vislumbrada esta manhã a fim de dormir ao ar livre nas dunas. Refrescou depois do calor abafado dessa tarde de julho, e o orvalho marinho da noite cobriu minha moto de umidade. Ignição, motor, parto suavemente, quase sem barulho.

A lua, já baixa, ilumina as colinas. O asfalto liso se desenrola sob o foco do farol: ciciar dos pneus, ronronar do motor... Ao longo das curvas às quais se cola a máquina que parece antecipar minhas intenções, sinto o calor ainda irradiante de uma parede rochosa aquecida o dia todo pelo sol da Sardenha, ou, ao contrário, a lufada de ar fresco, quase frio, que enche uma ravina aberta ao vento do alto-mar. Eis a ponte, depois o caminho pedregoso que desce para o mar. O saibro se espalha sob os pneus, a roda dianteira oscila por um instante ao passar sobre uma pedra, mas a moto permanece estável e atinge sem obstáculo a linha reta que margeia uma antiga via férrea — vestígio de uma dessas minas de prata abandonadas que enxameiam a ilha. A pista agora está fácil, suave, um pouco arenosa; a fragrância resinosa e adocicada dos cistos me envolve, misturada às vezes com a dos louros-rosa que florescem na parte de baixo, no leito seco da torrente. Pronto, aqui estou num terrapleno pedregoso no qual estão estacionados dois trailers. Ilhotas de luz e barulho na noite; sob um toldo, uma família ao redor de uma mesa, um rádio que recita cantilenas em meio à explosão de vozes. Guardo a moto, pego meu saco de dormir, a lanterna, uma garrafa d'água, e enveredo pelo atalho que margeia a parede rochosa do alcantilado.

Muito rápido, cessam luzes e ruídos. O ar marinho e o espocar das ondas me chegam através da longa extensão de dunas que se alonga até o mar entre duas paredes abruptas. Meus olhos se habituam à luz fria e logo distinguem os mínimos detalhes dessa paisagem: raízes ou bambus aqui trazidos pela torrente por ocasião de uma enchente de outono, tufos de juncos cujos caules, fustigados pelo vento, traçaram na areia desenhos em arco de círculo, marcas dos escaravelhos que deixaram rastros de tanques em miniatura. Alguns lírios das areias desenvolvem flores brancas nas cavidades. Eis finalmente o mar, batendo doce em praias de seixos cujo farfalhar me enche os ouvidos; a lua, agora bem baixa, se enquadra na abertura do alcantilado e traça sobre a água um longo reflexo irradiado pelas marolas. Procuro onde me instalar antes que o luar se apague.

Subo de novo para as dunas: ali estará mais seco do que no orvalho abundante de beira-mar, e a leve brisa que começa a soprar da terra vai dispersar os mosquitos que me cercam com seu zumbido irritante. Num recanto plano, desenrolo o saco de dormir, faço um cobertor com minhas roupas e deslizo deliciosamente para dentro do meu abrigo ainda quente do sol. Estendido de costas na areia firme, com o saco me cobrindo até o queixo, ouço o bater regular das ondas e os mil rumores da noite: o canto dos grilos, o chilreio de um pássaro, pequenos guinchos de roedores ou de morcegos, um carro passando distante na estrada... A lua se pôs, o céu agora é de um negro profundo sobre o qual se destacam miríades de estrelas. Algumas constelações conhecidas e milhares de outras estrelas cada vez mais nítidas com a Via-Láctea ao fundo, véu debilmente luminoso formado de milhões de astros distantes demais para serem discerníveis. Todos esses pontos resplandecem de um brilho agudo e cintilante no ar puro. Infinidade de um espaço no qual me sinto perdido...

Ei-la novamente, essa vertigem familiar das noites de verão, radical mudança de perspectiva graças à qual me vejo, ínfimo animalzinho escondido na tênue camada de bolor que recobre, em alguns lugares, um insignificante planeta, em órbita ao redor de uma estrela qualquer pertencente a uma das inumeráveis galáxias do Universo... E, como no meu tempo de criança, imagino que muito longe, em algum lugar nesse infinito, seres observam o céu e sonham como eu com a imensidão do mundo e os mistérios da vida. Outros mundos habitados? A hipótese não é absurda, mas somos incapazes de avaliar essa possibilidade. A vida provavelmente supõe planetas: difícil imaginar seres ocupando as estrelas ou o vazio interestelar. Recentemente passamos a saber que sua formação não é um acidente excepcional, mas ainda é difícil medir sua freqüência, e muitos dos que foram recentemente descobertos apresentam condições tão extremas que são provavelmente inabitáveis. E se planetas existem, seria o surgimento da vida ao cabo de um ou dois bilhões de anos um acontecimento extraordinário, ou uma quase-certeza? No que me diz respeito, tendo a acreditar que constituímos uma exceção, e a rapidez com que a vida surgiu sobre nossa Terra depõe nesse sentido. Impressão, creio, amplamente partilhada, visto o lugar que ocupam os "extraterrestres" no imaginário coletivo de nossa época. Extraterrestres habitualmente representados como seres bem semelhantes a nós, que apenas algumas esquisitices — pele verde, antenas ou talvez tentáculos — permitem identificar. Do mesmo modo, em certos relatos de ficção científica com que me deleito desde a adolescência, os valentes exploradores, depois de chegarem a um planeta distante, respiram seu ar, bebem sua água, saboreiam os frutos de suas árvores... e sentem-se bem, salvo algumas peripécias necessárias ao desenvolvimento do enredo. Todas essas hipóteses, sem dúvida tranqüilizadoras para o leitor e seguramente cômodas para o romancista, recaem no impasse acerca do papel do acaso na arquitetura da vida tal como a conhecemos. Se recomeçássemos tudo, se voltássemos quatro bilhões de anos atrás, a vida tanto poderia surgir quanto permanecer ausente sobre nossa Terra; em todo caso, é certo que não tomaria exatamente os mesmos caminhos e não resultaria em organismos idênticos àqueles que existem, ou que um dia aqui existiram.

Os seres vivos, tais como os conhecemos, são montagens de células que, por seu lado, se assentam em moléculas complexas — proteínas, DNA, RNA. Os constituintes básicos são no entanto pouco variados: carbono, hidrogênio, azoto... apenas alguns da centena de átomos conhecidos intervêm em proporção razoável na composição da matéria animada. Para um planeta como o nosso, levando-se em conta as temperaturas que reinam em sua superfície, tal escolha é provavelmente obrigatória. Permite explorar as extraordinárias propriedades da água, líquido suscetível de diluir inumeráveis compostos, bem como as do átomo de carbono, capaz de formar uma multiplicidade de ligações com outros átomos e construir assim edifícios fabulosamente complexos. Uma proteína comporta milhares de átomos de carbono dispostos segundo uma arquitetura extremamente rigorosa; um cromossomo contém uma única molécula gigante de DNA que, por sua vez, inclui centenas de milhões!

Num planeta um pouco mais quente, a 200°C ou 300°C, o elemento básico de uma vida eventual seria o silício... Admitindo-se que os elementos básicos sejam o carbono, o hidrogênio e o oxigênio, muitos esquemas permanecem concebíveis. O nosso repousa no DNA, memória e projeto, posto em ação por intermédio das moléculas do RNA mensageiro, decodificadas depois pelos ribossomos para sintetizar as proteínas. Formadas cada uma pela disposição numa ordem precisa de 20 aminoácidos diferentes, estas são as entidades operacionais que constituem as células e catalisam as reações químicas necessárias à sua existência.

Esse esquema não é o único imaginável. A vida certamente precisa de uma espécie de memória que conserve as informações e de um conjunto de mecanismos que assegurem sua efetivação, mas nada indica que DNA, RNA e proteínas representem a única solução possível. Na realidade, o que se conseguiu foi fabricar em laboratório moléculas que garantem as mesmas funções, apresentando sob certos aspectos características mais interessantes, melhor estabilidade ou maior compacidade. Mesmo que nos limitemos a essa forma particular de armazenamento de dados constituída pelo DNA, vários de seus elementos parecem contingentes. Peguemos o exemplo do código genético. Entre as quatro bases, as "letras" A, T, G, C do DNA e os 20 aminoácidos que, dispostos numa ordem precisa, constituem uma proteína, existe uma correspondência, um código, que associa a cada aminoácido um ou vários "códons", isto é, grupos de três letras: AAA ou AAG para a lisina, CAT ou CAC para a histidina... sem esquecer os sinais de pontuação como ATG, "início de mensagem", TAA, TAG ou TGA, "fim de mensagem".

Mas a forma molecular do códon AAA não determina diretamente a inserção na proteína da lisina, pois o mecanismo de decodificação, por ocasião da síntese da proteína, faz intervir diversos intermediários. A seqüência AAA, uma vez em seu lugar no ribossomo, é reconhecida por uma seqüência de RNA incluída num "RNA de transferência" que carrega o aminoácido. O RNA de transferência esteve ele próprio associado ao aminoácido adequado graças a uma enzima específica. No total, não há interação direta entre o códon e o aminoácido que ele significa, não existindo lei físico-química que imponha essa correspondência, tão arbitrária, de fato, quanto a que liga uma letra ao som que lhe associamos. No entanto o código genético é universal (salvo por algumas sutilezas): todos os seres vivos utilizam não apenas o mesmo mecanismo, mas também o mesmo alfabeto. Isso não é uma coincidência nem uma necessidade química, mas a prova de que todos descendem do mesmo organismo, que, por acaso, "escolheu" essa versão do código há três bilhões de anos. Supondo que a vida surja novamente numa Terra esterilizada por alguma catástrofe e que — hipótese muito improvável — seu mecanismo implique um DNA constituído dos mesmos tipos de bases, das proteínas montadas a partir dos mesmos 20 aminoácidos, não existe razão alguma para que o código retido seja o mesmo, isto é, ATG ou AAA ali poderia significar "fim de mensagem".

Logo, é evidente que as características químicas dos seres vivos surgidos numa "Terra Dois" seriam tão diferentes das nossas que a alimentação de uns seria veneno para outros. Na verdade, a vida, caso exista em outros planetas, tem todas as chances de ser radicalmente dessemelhante.

O único elemento universal é a evolução: a partir do momento em que exista um replicador, uma entidade (não importa sua natureza material) capaz de se reproduzir, e que esse processo de reprodução não seja 100% exato (portanto, que as gerações sucessivas possam apresentar diferenças), o processo é deflagrado. A reprodução dos replicadores produzirá variantes; algumas dentre elas se verificarão mais eficientes que outras e se replicarão mais rápido ou mais duradouramente, aumentando a proporção de seu tipo na população...

A evolução não se faz necessariamente no sentido de uma complexidade crescente, essa depende das condições do meio. Se o meio é demasiadamente caótico, ou, ao contrário, tão pouco exigente que a seleção carece de vigor, é concebível que a vida se restrinja a formas relativamente simples, análogas a nossas bactérias ou a nossas algas unicelulares. Estas permanecem amplamente majoritárias, tanto em número quanto em massa, em nossa Terra atual... O surgimento de seres pensantes, uma vez colocada a existência da vida, é portanto uma conseqüência possível (mas não certa) de uma evolução cuja universalidade podemos afirmar. Se existem portanto outras inteligências, seria imaginável a comunicação com elas? Provavelmente, mas isso coloca problemas terríveis. Imensidão do espaço, no qual os sinais emitidos necessariamente se diluem e levam séculos para atingir as estrelas mais próximas... Imensidão do tempo também: nossa civilização, ainda que durasse dez milhões de anos (hipótese bastante presunçosa, visto o estado de nosso planeta passados apenas dois séculos desde o desenvolvimento industrial), continuaria representando apenas um piscar de olhos diante dos quatro bilhões de anos já decorridos desde a formação da Terra, e só conseguiria se comunicar com uma civilização alienígena caso esta coincidisse com ela no tempo.

De qualquer maneira, nossos dois mundos, supondo que pudessem se encontrar fisicamente, permaneceriam irremediavelmente estranhos um para o outro. "Observam" talvez o nosso Sol a partir de um planeta girando em torno de uma dessas inumeráveis estrelas que estou contemplando; é concebível que a Terra receba um dia uma mensagem proveniente de outra civilização, mas nunca, infelizmente, partilharemos a refeição de belos astronautas louros de olhos verdes vindos em seu disco voador nos trazer a saudação do império galático de Andrômeda...

6. O BALÉ DAS AMEBAS

Depois de semanas de tempo fechado, o dia nasceu com um céu perfeitamente azul e calmo. Nem uma nuvem, nem um sopro de vento: daqui a pouco estará quase quente, com essa brusquidão da primavera mediterrânea que passa sem transição da geada para o clima ameno. Parto para a angra situada ali pertinho, no nível abaixo da estrada. Apesar do tempo bom, ela ficará quase deserta até o início da tarde: ninguém é matinal por aqui...

O caminho desce para um pequeno estacionamento quase vazio: apenas dois ou três carros, provavelmente pescadores. Eles se levantam cedo, andam muito e ficam bastante tempo postados sobre seus rochedos, sem nunca pegar nada, mas talvez não seja este o objetivo principal do exercício tão propício à meditação... Desço a grande escada forrada de folhas de pinheiro. Faz frio, ainda são leves, sutis, os aromas. Embaixo o mar está calmo, a imagem dos seixos dança nas marolas transparentes. Um atalho retilíneo, escorregadio, às vezes lamacento, me leva à ponta atrás da qual gosto de me instalar: tão perto das casas, da estrada, é no entanto o fim do mundo, um canto que se abre sobre o cabo e para o alto-mar. A costa, uma parede abrupta no alto da qual crescem pinheiros cuja sombra é bem-vinda no verão, encerra um semicírculo de rochedos lisos que descem para o mar em suave declive. Ali onde a água os recobre, são atapetados por algas marrons e verdes, salpicadas pelos pontos negros dos ouriços-do-mar, tão perigosos para os pés dos banhistas. Em frente, o cabo, que o sol começa a iluminar com uma luz difusa, toma um relevo agudo e no entanto suave, manchas de sombra e luz que sublinham seus contornos e mudam de minuto em minuto. Paisagem pura, nítida, cores exuberantes na água resplandecente, frescor do ar matinal; espetáculo simples e ao mesmo tempo cativante de uma natureza dominada pelos elementos primordiais.

Deitado na pedra, desfruto desse primeiro sol, dessa tepidez inesperada sobre minha pele. Ao meu lado, uma cavidade na rocha na qual a água vai e vem; pouco a pouco ali distingo, como se meu olhar se tornasse mais aguçado, um mundo inteiro em movimento. Ouriços em miniatura, engastados nas depressões da rocha, agitam levemente seus espinhos; um caracol desliza preguiçosamente, sua concha balançando com a passagem da onda. Minúsculos camarões transparentes se deslocam aos pulos; encorajado pela minha imobilidade, um caranguejo do tamanho de uma unha sai de um buraco e começa a se deslocar ao longo de uma falha. Fascinação de um microcosmo no qual me introduzi pelo pensamento, maravilhamento diante desses animálculos tão requintadamente organizados...

Esses organismos apareceram bem tardiamente sobre a Terra. Durante três bilhões de anos, a vida foi unicelular: algas microscópicas, bactérias, fungos..., todos esses seres eram constituídos de uma única célula, e deviam agrupar num minúsculo envoltório o conjunto das funções vitais. Pesada obrigação, que limitava terrivelmente suas possibilidades de evolução e seu campo de ação. Depois, há cerca de 700 milhões de anos, apareceram os primeiros organismos multicelulares, os *metazoários* — pelo menos é dessa época que datam seus fósseis conhecidos mais antigos. A evolução ia então conhecer uma aceleração fantástica: as diferentes células de um organismo podiam se especializar, adquirir funções particulares, cooperar para criar conformações fornecedoras de novas armas para o ser vivo... Uma floração de espécies de extraordinária diversidade ia se espalhar pela superfície da Terra e colonizar hábitats até então inacessíveis, até o surgimento de um primata dominador e intervencionista denominado *Homo erectus*, depois *sapiens*.

Ainda que conheçamos alguns de seus mecanismos, o advento da vida a partir de uma "sopa" de moléculas produzidas pela atmosfera, a decomposição das rochas e as intempéries, esse é um acontecimento de difícil compreensão; no entanto isso levou menos de um bilhão de anos. A passagem para os metazoários e a descoberta da associação entre células levaram muito mais, apesar da presença de inumeráveis organismos unicelulares no mar e na terra. Restam no mundo de hoje algumas espécies na fronteira desses dois reinos que ajudam a compreender os desafios e as dificuldades dessa radical transformação. A ameba "social" *Dictyostelium discoideum* é um exemplo fascinante disso. É um eucarioto, seu DNA está empacotado num núcleo e, assim, separado do citoplasma, ao contrário dos procariotos, como o colibacilo *Escherichia coli*, e a maioria dos micróbios atuais. Cada indivíduo, composto de uma única célula capaz de se deslocar, vive habitualmente ao sol, alimentando-se pela absorção das bactérias que proliferam nos vegetais em decomposição.

Se as circunstâncias se tornarem desfavoráveis, se o solo secar e as bactérias desaparecerem, um espantoso processo é desencadeado. Milhares de amebas, antes independentes, começam a se agrupar em agregados que reúnem até cem mil indivíduos. Pouco depois cada agregado forma uma espécie de lesma, que não tem patas, olhos ou sistema nervoso, e é constituída apenas de uma massa de amebas microscópicas; no entanto ela se desloca buscando certa temperatura, certa iluminação. Quando isto se realiza, a lesma se detém e sofre uma incrível transformação. Assume uma forma simétrica que lembra uma espécie de chapéu (*mexican hat* é o nome "oficial" desse estágio). Depois o chapéu cresce, sua base se afina e se torna um caule que traz em sua ponta uma bolinha; finalmente, tudo pára. A esfera agora está cheia de esporos — forma fixa e muito resistente da ameba —, prontos a reviver e a se multiplicar a partir do momento em que a umidade voltar e a alimentação for abundante; sua posição na ponta de um longo caule formado de amebas, que se sacrificaram ao sintetizarem celulose e depois morreram, favorece sua dispersão pelo vento ou pela chuva. Esse processo incrível durou cerca de 24 horas, ao longo das quais dezenas de milhares de amebas independentes se reuniram, cooperaram para se deslocar e decidiram sobreviver como esporo, ou, ao contrário, morrer como célula lenhosa do caule...

Há dezenas de anos os cientistas estudam essa ameba, nela esperando descobrir regras aplicáveis ao desenvolvimento embrionário em geral. As moléculas que regem a maioria das etapas do processo foram identificadas, e seu modo de ação, elucidado; podem-se enganar as amebas adicionando diversos produtos a seu meio de cultura, isolar mutantes, mudar à vontade seus genes: a *Dictyostelium* é um "modelo" em aberto. Esse humilde organismo é sobretudo uma fabulosa ilustração da força da evolução. O que está em jogo é evidente: sem alimento, a ameba morre. Quando volta o tempo da abundância, os poucos indivíduos mais resistentes que sobreviveram serão os únicos na origem da nova população. Todo aprimoramento nos mecanismos de sobrevivência é portanto fortemente selecionado nesse mundo imprevisível, onde a fome sucede, sem transição, a fartura. Uma ameba isolada tem condições de formar um esporo quando a sobrevivência se torna difícil, mas um conjunto de indivíduos cooperando nesse objetivo é seguramente mais eficaz, tanto do ponto de vista da qualidade dos esporos quanto de uma disposição que favoreça sua dispersão.

A *Dictyostelium* nos mostra sobretudo como células independentes podem obter vantagens em cooperar, e como os mecanismos necessários a essa cooperação podem se desenvolver. Ao contrário da vida, surgida uma única vez, a acreditarmos na unicidade do código genético, a multicelularidade foi inventada diversas vezes. As soluções postas em prática pelas esponjas, as que encontramos nos cogumelos, nos animais, nas algas, são tão diferentes que provavelmente apareceram de maneira independente. Ao mesmo tempo é um pouco estranho isso ter ocorrido tão tarde. Talvez tenha sido necessário que o povoamento (unicelular) da Terra atingisse uma densidade sufocante para que as células fossem levadas a se associar, ou será que a aparição dos primeiros metazoários intensificou de tal modo a competição que acarretou outros agrupamentos das células até então solitárias?

Enquanto eu sonhava com o balé das amebas, um drama foi encenado nos dez centímetros de água a meu lado. Uma anêmona-do-mar, monstro marinho cujos tentáculos urticantes flutuam, aparentemente inofensivos, abocanhou um camarão que se debate com grandes golpes de sua cauda minúscula. Bancando um deus todo-poderoso, liberto com um peteleco o animálculo, que vai se refugiar sob uma pedra, enquanto a anêmona retrai sua coloração violeta. Depois do terror geral produzido por meu gesto brusco, as atividades pouco a pouco voltam ao normal na cavidade; o caranguejo sai novamente da toca para onde precipitadamente voltara, os camarões recomeçam suas idas e vindas, um peixinho vem explorar o local. O sol ficou quente, me deu vontade de mergulhar; porém, nesse início de primavera, a água está gelada. Por sinal os visitantes começam a desembarcar com seus cachorros, os isopores, a algazarra das crianças e a voz grossa dos pais. Amáveis, apesar de tudo, até mesmo enternecedores em sua pressa de aproveitar esse inesperado belo dia; mas não me sinto sociável hoje. Ainda tomado pelo devaneio que me invadiu, arrumo minha mochila e abandono o lugar, subindo de volta para a estrada em meio ao aroma de resina que começa a brotar sob o sol.

7. De um olho a outro

Estou lutando há algum tempo para encaixar a pulseira do meu relógio, que pulou fora quando tropecei, agarrando-me a um galho com certa brutalidade. Nada a fazer, seria preciso que eu distinguisse claramente o minúsculo orifício perfurado no aço da caixa a fim de ter diante de mim o pino, ao mesmo tempo comprimindo com a unha a mola que lhe permitiria se encaixar de uma vez no lugar. Mas, com os anos, fiquei com vista cansada, e hoje, tendo esquecido meus óculos, eis-me praticamente cego para realizar tarefas assim. Que pena que o cristalino enrijeça com a idade e deteriore assim esse maravilhoso instrumento óptico que é o olho humano...

É verdade que sua estrutura faz sonhar. Protegido pelos cílios e as pálpebras, isolado do exterior pela córnea, comporta uma lentícula de curvatura variável, o cristalino, que focaliza as imagens sobre uma camada sensível formada de milhões de células especializadas, a retina, de onde parte o nervo óptico que vai transmitir as informações ao cérebro. Um diafragma automático, a pupila, ajusta a quantidade de luz que penetra e permite ao olho funcionar tanto numa penumbra escura como sob o sol a pino do meio-dia — façanha que nossos aparelhos fotográficos mais aperfeiçoados têm dificuldade de realizar. O ajuste automático garantido pela curvatura variável do cristalino permite enxergar com nitidez do infinito até 20 centímetros (não é mais o meu caso, infelizmente), e nosso computador biológico aplica às informações recebidas algoritmos aperfeiçoados para melhorar o contraste e nos autorizar a distinguir as formas mesmo quando a imagem é de má qualidade.

A complexidade e a precisão desse aparelho fizeram dele há muito tempo o exemplo preferido dos que não querem acreditar na evolução: é absolutamente inverossímil, dizem, que tal instrumento de precisão tenha podido surgir em conseqüência de mutações ocorridas ao acaso. Ainda mais que forma um todo, que sua retina seria inútil sem o cristalino, e vice-versa, que os mecanismos coordenados que garantem ao olho seu desempenho constituem um conjunto indissociável que "não pode" ter sido reunido peça por peça. Um meio-olho não teria serventia alguma, garantem esses críticos, o mecanismo da evolução não pode intervir nesse caso: conviria então invocar outro princípio para explicar a presença desse órgão. À escolha do interlocutor: intervenção de uma entidade superior, tendência teleonômica da matéria à auto-organização...

Será possível? Como de hábito, esse raciocínio cai no impasse da dupla imensidão na qual trabalha a evolução. Imensidão do tempo ao longo do qual ela se desdobra: decorreu perto de um bilhão de anos desde o surgimento dos primeiros seres multicelulares. Um bilhão de anos, o equivalente a 50 milhões de gerações para seres humanos, ao passo que apenas 200 nos separam dos construtores das pirâmides. No intervalo de um bilhão de anos muita coisa pode acontecer... Outra imensidão, a das populações em cima das quais a evolução pratica seus testes: milhões, às vezes bilhões de indivíduos nos quais aparecem a cada geração inumeráveis mutações, freqüentemente neutras, às vezes nefastas, e, de tempos em tempos, benéficas. Se a mutação conferir uma nítida vantagem a seu portador, irá gratificá-lo com uma descendência mais numerosa e se espalhará como esteira de pó ao longo das gerações seguintes. E essa população de organismos ligeiramente melhorados será por sua vez objeto de novas mutações...

O outro argumento é pura e simplesmente falso. Não é verdade que meio-olho seja igual a olho nenhum. Os usuários de óculos não vão me contradizer: na falta de seu cristalino suplementar artificial, sua visão fica nitidamente deteriorada, os objetos distantes ou próximos (segundo o caso) se tornam embaralhados... Não lhes passaria porém pela cabeça fechar os olhos para procurar seus óculos: é melhor ver embaralhado do que não ver nada! Do mesmo modo, um animal que disponha de uma visão ainda que rudimentar — uma célula vagamente fotossensível recostada numa célula pigmentada que lhe permite sentir a luz e, grosseiramente, sua direção —, levará grande vantagem em relação a sua congênere desprovida de tal receptor. Um pouco mais tarde (na evolução), o indivíduo cuja célula fotossensível é protegida por uma membrana transparente será igualmente favorecido, depois será a vez daquele cuja membrana terá tomado forma e espessura que permitam uma focalização rudimentar da luz.

Cada uma das etapas esboçadas acima representa mais um passo importante que necessita de diversas mutações sucessivas; o importante é que um caminho possa racionalmente conduzir desde a ausência de visão até o olho aperfeiçoado dos insetos, dos mamíferos ou das aves. Esse caminho passa por intermediários cujo número é bem grande, mas não infinito; e cada um deles corresponde a um aperfeiçoamento funcional que permite à mutação correspondente se fixar na população. O tempo disponível autoriza dezenas de milhares de etapas, o suficiente para construir passo a passo nosso aparelho fotográfico pessoal.

Podemos também encontrar alguns desses olhos primitivos em diversos animais. Vários tipos de vermes e de mariscos têm um órgão constituído de algumas células fotossensíveis dispostas no fundo de uma pequena cavidade aberta no exterior, acima de uma camada de células fortemente pigmentadas e opacas. Conseguem assim definir toscamente a direção de onde vem a luz. Em outros, como o náutilo, a cavidade se tornou muito profunda e forma uma esfera que apresenta apenas uma abertura de pequenas dimensões, o que permite a formação de uma imagem no nível das células fotossensíveis, segundo o princípio da *camera oscura*. Já os polvos e sibas dispõem de uma lentícula que melhora consideravelmente as qualidades ópticas desse aparelho.

Aparelho que, nos vertebrados, comporta por sinal uma aberração importante: a zona fotossensível das células da retina, aquela que recebe os fótons da luz e emite impulsos elétricos transmitidos em seguida ao cérebro, está disposta *ao avesso*! Essa região celular, que desempenha a função de detector da luz, está situada atrás das células, atrás dos núcleos; os fios condutores que transmitem os impulsos elétricos para o cérebro caminham na superfície da retina para formar o nervo óptico. A luz deve portanto atravessar esse emaranhado de fios, depois o conjunto da célula retiniana alongada, antes de atingir o detector, que é sua razão de ser. Concepção aberrante mas aparentemente — no caminho tortuoso que desembocou em nosso olho, nos milhares de passos que resultaram na visão aperfeiçoada de que dispomos — a evolução se viu bloqueada numa via ilógica da qual não conseguiu sair. Mutações que provocam uma inversão das células retinianas teriam provavelmente suposto intermediários não funcionais, animais cegos e, evidentemente, eliminados pela impiedosa competição das espécies. Não venham me dizer que essa disposição estranha tem uma razão ainda desconhecida: em outros animais, como o polvo, cujo olho evoluiu independentemente do olho dos vertebrados, as células retinianas estão no bom sentido, naquele sugerido pela lógica...

As profundas diferenças entre os diversos tipos de aparelho visual encontrados na natureza — olho composto dos insetos com centenas ou milhares de facetas, olho espelhado do *pecten* (molusco também chamado de vieira) e, claro, olho "fotográfico" dos vertebrados — impuseram a noção de que esses diferentes modelos haviam surgido independentemente, que a natureza "inventara" diversas vezes esse órgão sob formas bem variadas. Essa hipótese, ensinada há mais de cem anos como uma verdade revelada, colocava por outro lado um problema embaraçoso, bem similar ao da origem da vida. Quanto mais fácil é conceber a evolução de um olho a partir do órgão primitivo (célula fotossensível associada a uma célula pigmentada), mais a formação *ex nihilo* desse esboço é pouco provável: a seleção não pode agir sobre um órgão que não existe, e a formação do par dessas duas células deve constituir um acontecimento totalmente excepcional (assim como o surgimento do primeiro replicador). Torna-se então delicado imaginar que essa exceção tenha se produzido dezenas de vezes...

A análise do DNA se encarregou de organizar essa espinhosa questão. Um gene essencial para o desenvolvimento do olho foi descoberto há alguns anos; chamado Pax 6, está presente sob forma bem similar no homem e no camundongo e orquestra a constituição do órgão ajustando a expressão coordenada de centenas de outros genes. Mutações em sua seqüência resultam numa afecção chamada *aniridia*, na qual a íris é reduzida ou está ausente, ao passo que os doentes sofrem freqüentemente de cataratas ou glaucoma. Os camundongos comportando anomalias desse mesmo gene têm olhos de pequenas dimensões, malformados e muitas vezes não-funcionais: o nome dado ao mutante, *small eye*, é explícito. Dois genes muito similares que intervêm na formação do olho no homem e no camundongo: nada de revolucionário até aí, permanecemos entre mamíferos. Mas depois se comprovou que, nos drosofilídeos, o mutante *eyeless* (também um nome inequívoco), conhecido desde 1915, correspondia de fato a uma alteração do Pax 6 nesse inseto. Assim, o mesmo gene desempenha um papel central na materialização de nosso olho fotográfico e na do olho composto do inseto, com suas centenas de facetas!

Desde então, o Pax 6 foi encontrado em todos os organismos detentores de órgão visual, do verme planário primitivo aos vertebrados, passando pelos moluscos e os insetos, tendo, ao longo do desenvolvimento dessas espécies, se manifestado principalmente no olho... A morfogênese de todos os olhos conhecidos é portanto governada pelo mesmo gene (é quase idêntico de uma espécie para a outra); por sinal, utilizam todos o mesmo pigmento fotossensível, a rodopsina.

Parece portanto claro que esse sistema, de fato, apareceu uma única vez no curso da evolução, e que todos os olhos atualmente presentes em nossa Terra dele decorrem, tenham ou não lentícula ou facetas, estejam suas células sensíveis do lado direito ou do avesso. A lógica darwiniana está portanto respeitada: lógica impecável para um resultado de performances espantosas a despeito do que podemos chamar de seus defeitos de concepção...

8. Baby Fugu

Mar eterno e mutante, mar nutritivo no qual a vida eclodiu, e que foi seu lugar primordial ao longo de tantos milhões de anos... Os organismos que ele abriga ainda têm muitas coisas a nos ensinar.

Costa asiática, Pacífico por uma vez calmo e azul, escapada por ocasião de uma reunião científica para ir nadar e explorar o fundo do mar. Foi lá que, pela primeira vez, vi esse Fugu de que ouvira muito falar: um pequeno peixe em forma de balão, vislumbrado entre dois rochedos, que se deixou agarrar por minhas mãos sem grande dificuldade. É que estava ferido, carregando a marca de uma flecha de arpão submarino — daí a facilidade de sua captura, daí também sua aparência toda inchada, uma reação de defesa. Ao natural, esse diódon* é bastante longilíneo, apenas em presença de um perigo se incha e eriça seus espinhos — postura na qual o encontramos transformado em lanternas decorativas de gosto duvidoso. No Japão, o Fugu é um prato muito apreciado

* Diódon: peixe também conhecido como baiacu-de-espinho. (N.T.)

embora perigoso, pois seu fígado abriga um veneno violento que contamina a carne se o corte não for efetuado por um perito. O cozinheiro de um restaurante habilitado a servi-lo nesse país organizadíssimo deve passar por um exame especial; na França, sua importação é proibida. Esse peixe interessa muito aos biólogos, pois esclarece, sob uma luz particular, um dos grandes paradoxos revelados pelo estudo de nosso material genético.

Todos nós carregamos, em cada núcleo de cada uma de nossas células, 30 mil mensagens inscritas nas moléculas de DNA organizadas em cromossomos. Cada célula lê alguns milhares delas a fim de produzir as proteínas exigidas pelas funções que lhe são próprias no organismo. Nesses microorganismos como o colibacilo *Escherichia coli* ou a levedura *Saccharomyces cerevisiae*, o DNA é quase inteiramente ocupado por essas informações: os 15 milhões de letras contidos pelo DNA da levedura carregam mais de seis mil genes que ocupam 80% do seu comprimento.

No homem, assim como em seus primos próximos, do chimpanzé ao camundongo, a situação é bem diferente. Em primeiro lugar, os genes se apresentam fragmentados: esta foi a grande surpresa do final dos anos 1970, período em que foram praticadas as primeiras análises detalhadas de genes humanos graças aos recentíssimos métodos da engenharia genética. Descobriu-se com espanto (e a princípio incredulidade) que cada mensagem era fracionada em diversos pequenos segmentos codantes separados por longas zonas sem significação aparente. De modo que um gene humano típico comporta dezenas de milhares de letras das quais apenas duas a três mil são significantes, "codantes" segundo nosso jargão. O uso quer que chamemos essas regiões codantes de *exons* para lembrar que se exprimiram, que deram origem a um fragmento de proteína; já as zonas intermediárias que as separam ganharam o nome de *introns*. Essa fragmentação impõe à célula a implantação de um mecanismo complexo chamado "*splicing*": depois da cópia do DNA em RNA, é preciso recortar sua molécula e eliminar suas zonas inúteis para finalmente reconstituir a mensagem a partir dos fragmentos codantes a fim de fabricar a proteína correspondente.

Os genes são eles próprios separados por compridas regiões de DNA nas quais nada de inteligível está inscrito. No total, a fração "útil" de nosso DNA representa apenas uma pequena porcentagem de seu comprimento: o resto ganhou o apelido de *junk DNA*, o DNA bom para o lixo, designação que remete à expressão familiar *junk food*, atribuída, nos Estados Unidos, à ração proposta pelos McDonald's e outros *fast food*. Certamente seria imprudente afirmar que *todo* o DNA não codante não serve para nada: a modulação dos genes, seu funcionamento ou interrupção segundo a natureza da célula e suas necessidades fazem intervir regiões reguladoras transportadas pelo DNA ao lado da mensagem propriamente dita. É a fixação de proteínas particulares sobre essas zonas que desencadeia a leitura do gene e a fabricação da proteína cuja fórmula ele encerra. Mas, na maior parte dos casos conhecidos, essas seqüências de regulação estão próximas do gene e são pouco extensas. Do mesmo modo, pode-se justificar a existência dos introns imaginando que, ao longo da evolução, eles facilitaram o agrupamento de genes complexos a partir de entidades mais simples; promoveram assim o surgimento de proteínas combinando diversas funções. Em suma, a maior parte desse DNA não serve provavelmente para nada: o estudo do DNA do Fugu traz uma demonstração direta disso.

O Fugu, por mais que seja um peixe tetraodontídeo, faz parte dos vertebrados; está sob esse aspecto bem próximo de nós, apesar das aparências. Afirmação que talvez pareça exorbitante; mas lembremo-nos de que a diferença entre o nosso DNA e o do chimpanzé é inferior a 2%... Na escala da evolução, o peixe é um ser complexo, bem próximo do homem, possuindo praticamente tantos genes quanto nós (por sinal bem semelhantes aos nossos e às vezes até mesmo intercambiáveis). Ora, o *Fugu rubripes*, diódon japonês estudado há mais de dez anos por um dos fundadores da biologia molecular, o inglês Sydney Brenner, é dotado de um genoma extremamente compacto, dez vezes menor que o nosso, portanto quase desprovido de DNA não codante... No entanto, esse peixe vive normalmente sua vida, e encontramos nele o essencial dos mecanismos acionados em nosso organismo. Sempre (ou quase sempre) que se buscou no DNA do Fugu o homólogo de um gene humano, ele foi encontrado sem dificuldade. Esses genes apresentam a mesma organização que no homem, a mesma alternância de exons codantes e introns sem significação aparente; mas o conjunto é incomparavelmente mais compacto. Os introns, inseridos nos mesmos lugares, são muito curtos; e as seqüências separando os genes reduzem-se a pouca coisa. Parece portanto inevitável concluir que o DNA que não existe no Fugu é supérfluo, e que a maior parte desse *junk* DNA empacotado em nossos cromossomos é efetivamente um "DNA lata do lixo" do qual poderíamos muito bem prescindir.

Conclusão não aceita por todos; para alguns cientistas, reflete apenas nossa ignorância de um papel oculto... Parece-me que essa reticência ilustra sobretudo nossa dificuldade em admitir as imperfeições da natureza. Temos dificuldade em aceitar que nem tudo seja racional e perfeito nos mecanismos que descobrimos. O DNA tem sua própria lógica, modelada ao longo de bilhões de anos pela evolução. Numerosos sistemas de reparo permitem retificar a maioria dos acidentes produzidos por ocasião de sua replicação — acidentes inevitáveis durante a longa série de divisões celulares que leva de um embrião unicelular a um organismo comportando cem trilhões de células. Esses introns de dimensão às vezes monstruosa, essas intermináveis seqüências intergênicas e esse *junk DNA* são provavelmente subprodutos desses mecanismos. Decerto representam um "custo" para a célula: não é nada insignificante ter de reproduzir em cada divisão três bilhões de letras em lugar dos 200 ou 300 milhões que constituiriam provavelmente o estrito necessário. Mas a penalidade assim imposta não é suficiente para que (já...) tenha sido eliminada ao longo da evolução.

9. O DIA SEGUINTE AO TÉLÉTHON*

Mais uma bela tarde de dezembro. Deixo com tristeza o suave atalho que corre em semideclive, por cima dos blocos de pedra; hoje quero descobrir essa "gruta dos Espanhóis" que consta em meu mapa, ao pé das falésias, bem mais acima. Uma espécie de ravina conduz até lá, correndo direto no sentido da encosta, guarnecida de uma vegetação abundante graças à sua relativa umidade. A subida é íngreme, mais do que eu imaginara, e é preciso se agarrar firme para atravessar os montes de pedras que obstruem esse leito seco. Escalo com os olhos fixos no chão para marcar meu caminho, e chego no alto ofegante, banhado de suor. Eis a caverna: uma reentrância pouco profunda no solo coberto com um fino pó amarelo, que desemboca num beco sem saída. Alguns vestígios de ocupação: pedras empilhadas, um monte de folhas secas num canto... Alpinista aventureiro que projetava escalar a falésia (são raros nessas encostas, cuja pedra vermelha é quebradiça e

* O Téléthon é um programa de arrecadação de doações com objetivos humanitários. (N.T.)

traiçoeira), marginal apaixonado pela natureza, ou caçador que dormiu no local para ser o primeiro a surpreender a raríssima caça que freqüenta esse promontório? Uma figueira se enraizou sob uma cavidade, aproveitando-se de um pouco de umidade, e estica para fora seus magros galhos a fim de buscar a luz.

Instalo-me numa pedra chata, acolhedora, no nível da parede. Abaixo de mim, bem abaixo, o mar vai pouco a pouco escurecendo, com sua superfície lisa franzida de quando em quando por algumas rugas. Um veleiro retorna ao porto; no horizonte, perfila-se a massa branca de um cargueiro rumando para a Córsega ou para a Argélia. O vento frio na minha camisa úmida me deixou arrepiado, mas agora, encostado contra a pedra ainda morna que o sol acaba de deixar, sinto-me perfeitamente bem. Minha respiração tornou-se lenta e regular e, a cada inspiração, percorre-me um espasmo agradável, sinal de que meus pulmões voltaram a trabalhar plenamente. Nas coxas, nas batatas das pernas, uma tensão ligeiramente dolorida, como um prenúncio de dormência: todos esses músculos, solicitados de maneira inabitual, já começaram a se recuperar.

Maravilhosa e frágil mecânica: a cada esforço um pouco mais intenso, algumas fibras musculares cedem, e algumas dessas longas células que as constituem são danificadas. Então, misteriosamente alertados, os genes se põem em ação e dirigem a síntese das proteínas que vão reparar os danos. A mais célebre, a mais bem conhecida é a famosa distrofina, ausente nos miopatas — pelo menos na forma mais corrente dessa doença cruel. Nos meninos atingidos, a ausência de distrofina impede a reparação das fibras musculares: de modo que crianças perfeitamente normais ao nascer e que andaram na idade habitual começam a ter dificuldade para se pôr de pé, depois se deslocam com dificuldade cada vez maior, vendo-se condenados à cadeira de rodas e morrendo, com freqüência ainda adolescentes, em conseqüência de insuficiência respiratória ou cardíaca.

Foi a revolta de alguns pais diante desse destino inaceitável, diante da ignorância da ciência, da impotência da medicina (e às vezes da indiferença de certos médicos) que deu origem à Associação Francesa contra as Miopatias (AFM), cuja luta contra as doenças genéticas o Téléthon nos lembra a cada ano. Téléthon que muitos colegas meus criticam, denunciando as aproximações quase inevitáveis propiciadas pela espetacularização da genética, ou o otimismo às vezes exagerado com o qual é evocada a proximidade dos grandes progressos terapêuticos. Quanto a mim, continuo convencido da justeza dessa ação, impressionado pela energia dos militantes da AFM, e fascinado diante desse grande encontro nacional que, ano após ano, mobiliza num ambiente festivo os esforços desinteressados de milhares de pessoas. Essa luta resultou numa rede de apoio aos doentes, o que lhes permite viver menos mal sua terrível provação, tornando possível um forte apoio à pesquisa sobre as doenças genéticas. Mas a miopatia continua presente. Os consideráveis avanços realizados no seu conhecimento desembocaram num diagnóstico pré-natal confiável, que pode evitar às famílias já atingidas o nascimento de uma nova criança com problemas. Mas não mudaram fundamentalmente o prognóstico da doença, nem, até agora, seu tratamento.

O gene da distrofina (proteína mal denominada, uma vez que é justamente ela que impede a "distrofia muscular de Duchenne" ou miopatia) está situado no cromossomo X.

Assim, as mulheres "portadoras" nas quais um dos cromossomos X carrega a mutação, são perfeitamente normais, contanto que seu outro X contenha um exemplar não alterado do gene. Suas filhas, que herdam um dos X da mãe e o do pai, serão eventualmente portadoras. Já os meninos, cujo único cromossomo X provém da mãe (o cromossomo Y que os faz machos vem do pai), herdarão, seja o "bom", seja o "mau" gene. É o acaso que rege essa loteria de conseqüências terríveis. Até agora, apenas uma descrição muito clássica, que se aplica a várias doenças genéticas; mas a freqüência dessa afecção grave, que em geral elimina seu portador antes da idade de reprodução, é anormalmente elevada.

A ocorrência de uma mutação que desative um gene crucial felizmente é um fenômeno raro. Tal alteração, cujo vestígio às vezes podemos encontrar num ancestral remoto, se perpetua na população ou, ao contrário, desaparece em algumas gerações, segundo a natureza e a intensidade de seus efeitos. Permanecerá presente se a doença for relativamente benigna, ou se aparecer tardiamente, como a coréia de Huntington, nos adultos que já tiveram filhos. Pode também persistir quando se manifesta nos *homozigotos* portadores de duas versões defeituosas do gene, sobretudo se os *heterozigotos* (um gene normal, um gene alterado) detiverem uma vantagem seletiva. É o caso para a mutação responsável pela drepanocitose ou anemia falciforme que, no estado heterozigoto, confere uma resistência mais intensa à malária, e talvez para a da mucoviscidose, que protegeria contra as diarréias infantis, bastante fatais em condições primitivas de existência.

O caso da miopatia, grave e precoce, parece portanto excepcional. O impacto da seleção natural é decerto atenuado por mulheres cuja saúde não é afetada; no entanto, uma mutação que, a cada geração, elimina antes da idade da reprodução os machos que a portam deveria normalmente levar ao desaparecimento da população. De fato, como sabemos atualmente, a miopatia de Duchenne permanece presente entre nós porque o gene da distrofina apresenta anomalias que fazem dele uma espécie de monstro e levam ao surgimento freqüente de novas mutações, portanto de novos doentes nas famílias até então poupadas.

Esse gene — o gene normal, aquele que funciona em mim e em você, produz a proteína e permite a reparação das fibras musculares — é imenso, cinqüenta ou cem vezes mais comprido que um gene mediano. A distrofina é decerto uma grande proteína, comportando aproximadamente três mil aminoácidos associados numa ordem precisa. Portanto, isso requer uma mensagem que comporte no mínimo nove mil caracteres, já que são necessárias três "letras" (cada uma delas podendo ser T, A, G ou C) no DNA para especificar um aminoácido. Mas o gene é 200 vezes mais extenso que esse mínimo! Sua mensagem é recortada em 79 segmentos expressos, 79 exons, e ocupa no DNA um espaço correspondente a dois milhões e 300 mil letras: em mais de 99% é constituído de introns, de seqüências não codantes e sem significação precisa separando os exons. Esse tipo de estrutura, análogo a um relato cujas linhas seriam separadas por páginas e páginas de algaravia, é efetivamente comum nos mamíferos. Mas em geral a fragmentação é menos extrema, e os introns, mais curtos, de modo que a mensagem representa aproximadamente um décimo do gene propriamente dito; aqui, os mecanismos — ainda desconhecidos — que levam a essa fragmentação resultaram numa estrutura verdadeiramente aberrante.

A expressão desse gene e a fabricação da cópia de trabalho contendo as instruções para a montagem da distrofina (liberada, pelo *splicing*, das partes inúteis) são singularmente complicadas por sua dimensão. Apenas a leitura da mensagem dura cerca de 16 horas, um tempo enorme na escala da célula, e uma boa metade dessas leituras fracassa e não resulta numa cópia de trabalho utilizável. Mas isso não é o mais grave. O gene da distrofina deve, como qualquer outro, ser recopiado diversas vezes, especialmente para fabricar o exemplar presente nas células sexuais que garantirão nossa descendência. A cópia de DNA é um processo de grande precisão, mas não é perfeita: alguns erros inevitavelmente se produzem. Quanto mais longo o segmento de DNA a ser duplicado, mais alto o risco de um erro. A gigantesca dimensão do gene da distrofina o torna então vulnerável. Ele pode sofrer uma deleção, a perda de um fragmento não reproduzido: se esse fragmento contiver um exon, a mensagem da proteína estará incompleta. Pode também sofrer uma mutação pontual, a mudança de uma letra em outra. Isso acontece nos exons, mas também nos introns; como são muito compridos, a probabilidade é alta de que se produzam mudanças. Sabemos que os introns não servem para (quase?) nada, sua seqüência portanto geralmente não tem importância... mas essas mutações podem fazer aparecer fortuitamente no meio do intron sinais (chamados "locais de *splicing*") que marcam normalmente o limite entre um intron e um exon e permitem aos mecanismos de *splicing* efetuar seu trabalho. Se tal mutação estiver presente na célula germinal, depois, mais tarde, no DNA da criança, ela induzirá fatalmente um erro de *splicing* que incluirá na mensagem final um segmento de intron. Ao mesmo tempo essa mensagem será em parte errada, e orientará a síntese de uma distrofina truncada ou não-funcional.

Esse gene de um comprimento descomunal, com múltiplos exons separados por intermináveis introns, é portanto frágil e sujeito a múltiplas alterações que tornam seu produto inativo. É daí que se originam essas "novas mutações" que fazem com que a doença ocorra num contexto familiar sem antecedentes, aparentemente ao abrigo de tais tragédias. Elas estão na origem de uma em cada três miopatias, e explicam por que a afecção não desapareceu com seus portadores. Como a mecânica da hereditariedade se deteriorou a ponto de chegar num monstro desse tipo? A dinâmica das seqüências de DNA tem regras próprias, ainda mal conhecidas, que levam em certos casos à multiplicação de estruturas sem significação. Várias doenças, como a coréia de Huntington e a síndrome do X frágil, devem-se à ampliação acidental e exagerada de uma espécie de gagueira do DNA (repetição de uma mesma série de três letras) presente no gene normal. As múltiplas enzimas encarregadas de vigiar a molécula da vida, de detectar, depois consertar, as alterações produzidas, podem, em certos casos, ser induzidas ao erro, dando origem a aberrações. Aparentemente isso se produziu há muito tempo para os mamíferos, e resultou nesse gene disforme: essa bomba de retardo que nossa espécie carrega ilustra bem os extravios da evolução e os absurdos a que pode chegar.

Quanto a mim, com as pernas agradavelmente doloridas, desço de novo a ravina no sol poente que amarelece as falésias. Saboreio o prazer de estar vivo... apesar de tudo! Ao examinar em detalhe o funcionamento da vida e analisar as deficiências dos mecanismos sutis que a tornam possível, acabamos efetivamente por ter uma consciência de tal modo aguda da fragilidade desse edifício complexo que sua existência parece inverossímil. No entanto estou vivendo, por mais improvável que pareça. E, mais improvável ainda, foi-me dado dissertar sobre essa improbabilidade.

10. Nossos ancestrais, os peixes

Com meu cinto de chumbo à guisa de lastro, a mochila bem grudada aos ombros, desço a picada abrupta que leva à beira-mar. As folhas de pinheiro estão escorregadias, uma pedra rola sob meu pé; restabeleço o equilíbrio agarrando-me ao galho de um pinheiro queimado que me deixa no braço uma comprida mancha de carvão. Livrando-me de um caos de pedras vermelhas, alcanço finalmente esse lugar de onde gosto de mergulhar. Uma grande rocha lisa à flor da água, coberta com algas e enxameada de patelídeos;* para o lado do alto-mar, uma ilhota que quebra a força das ondas, tornando o lugar praticável mesmo com mar revolto; e, num ângulo da plataforma rochosa, um recanto cujos três níveis formam vários degraus que facilitam a entrada na água.

O lugar está, como de hábito, deserto: só muito raramente encontro, mesmo em pleno verão, um pescador vigiando

* Patelídeos: família de moluscos que inclui diversas espécies de lapas encontradas em águas costeiras de todo o mundo, de concha alta ou achatada. (N.T.)

seu caniço comprido. O mar quebra por momentos, submerge a pedra lisa com uma grande marola de espuma ou martela os blocos rochosos com golpes surdos; mas está suficientemente calmo para permitir ver o fundo e os cardumes de castanholas, peixinhos pretos com o rabo bifendido que sempre me acompanharam nos mergulhos. Começo o ritual de vestimenta do caçador submarino. Não pesco grande coisa nessas profundezas onde o peixe, como dizem aqui, "foi à escola": o lugar é freqüentado por numerosos caçadores, geralmente vindos de barco, muito mais bem equipados e treinados que eu, e que, no entanto, vejo com freqüência voltarem de mãos abanando. Apreciei muito e pratiquei caça submarina numa época em que o peixe era mais abundante, menos desconfiado, e quando o produto da minha pesca ainda dava para alimentar diversas pessoas...

Costa da Córsega, início dos anos 1960: era então uma ilha selvagem, assim que nos afastávamos de cidades como Bastia, Calvi ou Ajaccio. Ancorávamos com uma ou duas "caravelas", grandes veleiros rudimentares empregados sobretudo nas escolas de vela. Construídas em madeira, eram uma espécie de barco a vela, robusto o bastante para suportar um golpe de mistral ou de *libeccio*, suficientemente leve no entanto para ser remontado a seco assim que a praia estivesse lisa e as vagas não quebrassem muito violentamente. Em cada barco, cinco ou seis pessoas, umas vasilhas d'água, um saco de batatas, um garrafão de vinho, a bateria de cozinha, sacos de dormir, material de caça submarina... Toda uma tralha que carregávamos pela manhã, e que desembalávamos, uma vez chegados na angra escolhida.

A caça submarina então era fácil. Bastava nos afastarmos dos lugares freqüentados, mergulhando a uma dezena de metros, e termos um pouco de paciência, para raramente voltarmos de mãos abanando. Os sargos fugiam, naturalmente, vendo o mergulhador; mas na maioria das vezes era para irem se refugiar sob pedras lisas onde podíamos descer para arpoá-los. Abundantes também os labrídeos, peixes de bancos de algas um pouco ferozes, mas cuja carne mole não nos agradava em nada; as tainhas, excelentes quando pescadas longe dos portos e de sua vasa; às vezes um polvo ou uma moréia, alguns robalos... De tempos em tempos, o peixe-rei, o mítico mero pelo qual era preciso brigar feio: sua toca era sempre profunda, e fazê-lo sair da água uma vez flechado não era brincadeira. Pesquei alguns meros na Córsega, e muitos na Argélia, onde passei dois anos, pouco depois da independência: protegidos provavelmente pela insegurança que reinara nos anos de guerra, haviam proliferado a ponto de minha filha não querer vê-los na frente por muito tempo, tanto eu a fiz comer meros noites seguidas.

Com certeza não é hoje que vou levar um exemplar comigo. Na realidade, entro na água com um arpão para colocar um pouco de tempero no passeio, assim como toda colheita de cogumelos é pretexto para longas caminhadas na floresta. Ainda mais que não estou tão seguro como antigamente de minhas habilidades de caçador. Ao reler relatos de mergulho e de caça publicados nos anos 1960, sinto grande mal-estar diante dos massacres levianamente cometidos por esses esportistas que acham normal retirar qualquer "belo exemplar", mesmo tendo depois que o abandonar: "raias-torpedos", principalmente constituídas de uma espécie de pilha elétrica destinada a assustar a presa (e eventualmente o caçador imprudente) e cuja carne gelatinosa é quase intragável, tubarões das areias ou raias do Mediterrâneo... Não se tinha, não se queria ter, consciência da fragilidade do mundo, do mar e de sua população. Se hoje em dia, por acaso, se apresentasse um mero, eu me contentaria em observá-lo. Em contrapartida, um belo sargo, um robalo ou uma tainha... Mas vários caçadores passaram na minha frente, como demonstram as reações dos peixes. Observo com freqüência sargos minúsculos fugirem a toda pressa, com aquela agitação característica que em geral possuem apenas os grandes espécimes bastante experimentados; e mesmo o comportamento das ínfimas castanholas indica que foram perseguidas por diversas vezes.

Enfim equipado, ponho-me na água, descendo com precaução pelos rochedos enxameados de ouriços-do-mar. Lavo a máscara, coloco o tubo e me estico sobre a água. Sinto frio apesar da proteção, mas logo passa, dando lugar ao prazer de evoluir nesse elemento no qual subitamente deixei de ter peso: o pesado cinturão de chumbo equilibra na medida o peso de minha roupa de neoprênio. Uma aspiração, dobro-me em dois e mergulho. Chegando ao fundo, cinco ou seis metros mais abaixo, torno-me mais pesado: as bolhas de ar de minha roupa se comprimiram, e ela agora "puxa" menos, o que permite que eu permaneça no lugar sem esforço. Quando quiser subir de novo, bastarão algumas braçadas para a superfície que me olha lá de cima; o movimento se acelerará por si mesmo durante a ascensão, até que eu atravesse a tona para recuperar o fôlego.

Mas não me encontro nesse ponto, desci suavemente e sinto-me à vontade, calmo, disposto, em equilíbrio a alguns centímetros do fundo. Passeio, observo embaixo do rochedo, encontro uma concha de lesma-do-mar, percebo um peixe-escorpião que, imóvel, se confunde com a pedra em que está pousado. Habituado a passar despercebido, defendido por suas espinhas dorsais venenosas, não se mexe à minha aproximação; é preciso um gesto vivo para que, com um brusco golpe de cauda, evolua para a frente antes de pousar novamente um pouco adiante. Sinto uma ligeira dor no peito, é tempo de subir de novo. Expiro um pouco de ar para agüentar mais tempo, recolho na passagem um peso de chumbo perdido por um pescador e me lanço à superfície, acompanhado de um rosário de bolhas. Ao cabo de alguns segundos, meu respirador emerge; esvazio-o com um sopro vigoroso, aspiro avidamente uma grande golfada de ar acompanhada de algumas gotas de água salgada, e retomo meu passeio na franja desse mundo marinho que se desenrola embaixo de mim.

Encostas abruptas, sobre as quais as ondas quebram por momentos, escurecendo a água com milhões de bolhas minúsculas, nevoeiro que me obriga a me afastar com medo de ser arrastado em direção ao rochedo; massa escura dos campos de posidônias, bem em baixo, ondulando imperceptivelmente em meio ao mar mexido. O peixe não desapareceu: às vezes ainda vejo — de longe — exemplares belíssimos, sargos, robalos ou bonitos. Simplesmente aprendeu a manter distância, a migrar mais para o fundo, ali onde os melhores caçadores não ousam se aventurar a despeito de seu treinamento. Divirto-me em seguir alguns sargos que fogem rápido para o largo, assusto um cardume de salpas (peixes de algas de carnes medíocres, que comerciantes pouco escrupulosos vendem aqui sob o nome enganador de "dourado listrado"), brinco nos redemoinhos com pequenas tainhas...

Mergulhei até a saciedade; meus tímpanos, ainda amolecidos nesse início de estação, ficam doídos. Por sinal, estou arrepiado, a despeito da roupa: a cada mergulho um fluxo de água fria me percorre as costas, e a temperatura do fundo é bem fria. Volto para minha enseada e me alço com dificuldade para fora d'água. Liberto-me do arpão inútil, desabotôo o pesado cinturão, sinto-me mais leve. Mais um pequeno esforço para tirar a roupa, descolá-la dos braços, da cabeça, e me enxugo com prazer. Prazer com a saída da água, com o sol redescoberto que acaricia meu corpo transido de frio, já quente à flor da pele, mas ainda gelado no fundo: nesses momentos o contato com a água é quase insuportável. O mar está em todo lugar. Diante dos meus olhos, bate contra os recifes; ainda estou impregnado dele, nos meus cabelos úmidos, na pele amolecida e como empapada, minhas fossas nasais que escorrem assim que inclino a cabeça. Sinto seu gosto na boca, e seu barulho nos ouvidos...

Mar, ambiente original no seio do qual se desenvolveram os organismos multicelulares, ao longo de um extraordinário período chamado "explosão do Cambriano", há aproximadamente 600 milhões de anos. Essa época assistiu ao surgimento de uma incrível diversidade de animais marinhos, de formas estranhas e às vezes grotescas, cuja maior parte desapareceu para sempre. Mar do qual nossos longínquos ancestrais saíram há cerca de 400 milhões de anos para dar origem a uma plêiade de animais terrestres: das tartarugas aos pássaros, passando pelos mamíferos, os crocodilos ou as serpentes, sem esquecer os dinossauros... Há muito tempo os pesquisadores se interrogam sobre a maneira como se efetuou a transição do oceano para a terra firme, buscando compreender como as nadadeiras puderam se transformar em patas, e as brânquias serem substituídas por pulmões. Já no século XVII, o filósofo Benoît de Maillet imaginava que peixes encalhados em terra firme depois da baixa das águas teriam sido capazes de se transformar em aves. Suposição aparentemente inverossímil e fantasiosa, que devia contribuir para que a hipótese transformista fosse rejeitada por cientistas como Cuvier; a idéia, porém, não era de todo má...

Até bem recentemente pensava-se que o surgimento dos animais com quatro membros, os tetrápodes, correspondia a uma adaptação progressiva de peixes vivendo no limite da terra firme. Levados a fazer freqüentes incursões fora d'água, para procurar presas ou encontrar um novo charco depois de seco aquele em que estavam, teriam se transformado em anfíbios. Então a seleção teria agido sob tais condições para privilegiar os que se locomoviam melhor, engendrando a transformação do esqueleto e do aparelho respiratório. Descobertas recentes — sobretudo na Groenlândia, onde foram encontrados vários esqueletos de um animal batizado como *Acanthostega*, voltam a colocar esse ponto de vista em questão. Pois o *Acanthostega* é indubitavelmente um tetrápode, com quatro patas terminando em dedos. Mas tanto punhos como ombros parecem fracos demais para suportar o peso do animal fora d'água, e outras características, principalmente a presença de uma poderosa nadadeira caudal, sugerem que esse animal de 360 milhões de anos levava uma existência exclusivamente aquática. O *Acanthostega* possuía ao mesmo tempo brânquias e pulmões, como certos peixes atuais que vivem em pântanos. Isso lhe permitia caçar nas lagunas ricas em vegetação e insetos, deslocando-se seja sobre o fundo, seja em plena água, e respirar o ar na superfície quando o teor de oxigênio da água parada tornava-se muito baixo — mas sua estrutura óssea o impedia de viver em terra.

No Devoniano tardio (época geológica em que viveu o *Acanthostega*), o mar abrigava uma vida abundante e multifacetada. Na terra firme reinava uma vegetação densa: as plantas vasculares, aquelas cuja seiva circula nos vasos, permitindo-lhes atingir grandes dimensões, haviam aparecido recentemente. Nesse meio viviam numerosos insetos, vermes, diferentes tipos de invertebrados... Tudo indica que se tratava de um meio propício para animais capazes, graças a seu tamanho e ossatura, de se alimentar em detrimento tanto das plantas como de animálculos. Os órgãos necessários a uma vida terrestre já existiam em estado de esboço em peixes como o *Acanthostega*: os primeiros verdadeiros anfíbios logo iriam aparecer. Seguiram-se tetrápodes completamente adaptados à vida terrestre, cujos múltiplos ramos floresceriam ao longo dos 200 milhões de anos seguintes...

Chega o Jurássico: a terra está então povoada principalmente pelos dinossauros e seus primos alados (os pterossauros) ou aquáticos, enquanto os mamíferos fazem uma tímida aparição. Há 65 milhões de anos, uma catástrofe climática, provavelmente resultado da queda de um meteorito de enormes dimensões, provoca o desaparecimento dos dinossauros, dos quais subsistem apenas as aves, seus longínquos descendentes. Os mamíferos sobrevivem, logo se tornando os animais terrestres mais disseminados. Alguns voltam ao mar — baleias, delfins, focas: os mamíferos marinhos transformaram seus membros em nadadeiras, mas permaneceram tetrápodes, e seu esqueleto se parece bem mais com o de uma vaca que com o de um atum ou dourado.

Finalmente, um grupo de mamíferos, os primatas, se individualiza progressivamente. Dele destaca-se, há menos de dez milhões de anos, um ramo que, depois de múltiplas transformações, resultará no homem de Cro-Magnon, *Homo sapiens sapiens*, nosso ancestral comum, surgido há 200 ou 300 mil anos... Vasta história pela qual desfilam inúmeras criaturas, originárias desse mar abandonado há tanto tempo, cuja marca no entanto guardamos até na composição de nosso sangue. E no entanto essa água que nos deu origem tornou-se mortal para nós: mantemo-nos com grande dificuldade em sua superfície, sobrevivemos nele por alguns minutos ou — com a ajuda de aparelhos isolantes, sofisticados e frágeis — algumas horas. Podemos morrer de sede ao lado dessa imensidão líquida, por causa de alguns gramas de sal a mais em cada litro. Em contrapartida, o mar preserva seu atrativo, seu fascínio, como se alguma coisa em nós se lembrasse do dia em que nossos ancestrais o deixaram para se aventurar em terra firme...

11. O BUQUÊ DE VERÔNICA

Praia de seixos grandes, no fundo da enseada, que costeio esta manhã para subir ao cabo a partir da segunda angra, da qual me separa um promontório de rochas escuras batidas pelas ondas. Escalo-as com o coração doído: foi aqui que há alguns anos espalhei as últimas flores da cerimônia mortuária de minha irmã caçula, levada em alguns meses por um câncer diagnosticado muito tardiamente. Tínhamos levado para casa um buquê de lírios colhidos no monte de flores acumuladas, abandonado atrás do crematório. Em nosso apartamento aberto de frente para o mar, sua presença perfumada acompanhou minha dor durante vários dias. Não fui capaz de jogá-los fora depois de murchos, e desses recifes lancei-os ao mar.

A despeito de décadas de pesquisa, da "guerra" que lhe declarou Richard Nixon, o câncer permanece a principal causa de morte em nossas sociedades ricas e envelhecidas. Seu tratamento basicamente não muda há dezenas de anos. Ele se resume à eliminação dos tecidos atingidos por meio de um ato cirúrgico forçosamente aproximativo e freqüentemente incompleto, e a tratamentos bárbaros, radiação ou quimioterapia, que envenenam as células cancerosas, mas também, apenas um pouco menos, todas as outras. Os progressos registrados dizem respeito sobretudo ao aperfeiçoamento dos recursos de diagnóstico — o que permite uma intervenção mais precoce, num momento em que as chances de sucesso são maiores —, bem como a melhores técnicas operatórias e a drogas anticancerosas um pouco mais seletivas. Nada de verdadeiramente extraordinário por ora. No entanto, a compreensão dos mecanismos da cancerogênese deu, por sua vez, um salto adiante. Passamos a compreender de verdade as grandes linhas desse fenômeno terrível, e por muito tempo misterioso, elucidando com grande freqüência suas etapas. Esse conhecimento nos vem de pesquisas em cancerologia, mas também de trabalhos absolutamente fundamentais sobre o ciclo celular.

As células não se multiplicam de qualquer jeito: sua divisão constitui um balé bem organizado, cujas etapas foram identificadas já se vão uns 50 anos. O ciclo comporta uma fase preparatória (chamada G1), uma fase de síntese do DNA (chamda fase S) durante a qual o material genético é duplicado a fim de que cada uma das células filhas herde um exemplar completo, e, depois, uma fase chamada G2, a mitose (fase M), ao longo da qual o DNA é dividido entre as duas células que finalmente se separam. Todo esse processo é rigorosamente controlado, a fim de se desenrolar de forma ordenada: centenas de genes (e outras tantas proteínas) estão implicadas nele. Por exemplo, se o DNA da célula está danificado, a divisão deve ser suspensa. Haverá então estimulação de um gene chamado ATM, cujo produto modificará uma proteína chamada p53. Essa proteína p53 modificada ativará uma proteína chamada p21, que bloqueará então outras proteínas necessárias à passagem da fase G1 à fase S, interrompendo assim a divisão da célula definitivamente, ou até que o DNA seja reparado. Essa cascata de interações é apenas uma das múltiplas maneiras de a célula verificar permanentemente se "tudo vai bem" antes de prosseguir em sua divisão.

Quando esse mecanismo falha porque o gene ATM está inativo em razão de uma mutação, a divisão celular é capaz de continuar, mesmo que o DNA esteja danificado. A célula anormal vai então poder se multiplicar indevidamente. E, de fato, as pessoas portadoras de uma mutação desse tipo sofrem de uma síndrome chamada "ataxia-telangiectasia", que se manifesta pela ocorrência muito freqüente de tumores acompanhada de sensibilidade exacerbada às radiações.

O estudo das famílias que apresentam numerosos casos de um câncer freqüentemente permitiu descobrir o mecanismo da doença. Esses cânceres "geneticamente programados" correspondem em geral à alteração congênita de um gene implicado no controle da divisão celular, tornando mais provável o surgimento de uma disfunção que resulta num tumor. Mais provável, e não certo, pois os bloqueios que impedem uma célula de se dividir de maneira anárquica são múltiplos e redundantes, como convém a um sistema cuja importância é vital. Eles são particularmente cerrados para uma espécie como a nossa, em que a maturidade sexual só chega depois de mais de dez anos: uma forte pressão de seleção foi exercida para privilegiar os primatas capazes de atingir essa idade mínima sem serem atingidos pela doença. Em contrapartida, o camundongo, que pode se reproduzir ao cabo de três semanas, dispõe de um conjunto menos sofisticado, e, aliás, sua sensibilidade a diversos carcinogenes é bem mais elevada que a nossa.

O surgimento de uma célula cancerosa supõe a desativação sucessiva dessas salvaguardas, ao acaso de mutações que se produzem espontaneamente quando as células se dividem, mas que podem ser favorecidas por agressões como as radiações ou os compostos contidos na fumaça do tabaco. Quando diversos bloqueios sucessivos se tornam inoperantes, a célula entra numa fase de divisões descontroladas que, se o sistema imunológico não reagir a tempo, resultará no surgimento de um tumor.

A análise das células tumorais, o exame de seu DNA, apoiado em técnicas aperfeiçoadas de que dispomos há alguns anos, sua comparação com o DNA "standard" cuja estrutura nos foi fornecida pelo Projeto Genoma Humano — tudo isso acabou por identificar os genes modificados ou mesmo ausentes nas células tumorais. As famílias "predispostas" portam uma alteração de um desses genes em todas as suas células; essa alteração, transmitida de geração em geração, as torna mais vulneráveis a certos cânceres. Reciprocamente, foi o estudo dessas famílias que com freqüência permitiu identificar o gene em questão — que quase sempre se verificou intervir no controle do ciclo celular.

A morte celular programada ou apoptose também intervém na proteção contra as disfunções do ciclo celular. Sua importância só recentemente foi reconhecida, mas é agora objeto de numerosos trabalhos: como dizia um dos meus colegas especialistas nesse domínio, "a morte celular é um assunto do futuro..." De fato, os biólogos consideraram por muito tempo a morte das células como um fenômeno acidental e pouco digno de interesse, antes de perceberem o papel fundamental que desempenha o desaparecimento programado de algumas delas para o desenvolvimento do embrião, ou a manutenção da integridade do organismo adulto. O embrião humano tem os pés e as mãos espalmados num estágio precoce de seu desenvolvimento, e a individualização de seus dedos se dá graças à morte das células intersticiais, que se efetua segundo um programa preciso e implica mecanismos moleculares hoje em dia amplamente conhecidos. Finalmente, a forma do embrião é modelada tanto pelo desaparecimento seletivo de determinadas células quanto pela multiplicação de outras: a morte está presente no próprio coração da vida e é indispensável para seu desabrochamento. Do mesmo modo, a evolução só é possível pela renovação das populações, logo, do desaparecimento dos indivíduos: a imortalidade não faz parte do seu programa...

O organismo pode se defender contra o câncer evitando a aceleração e a divisão anárquica de células graças aos diferentes pontos de controle do ciclo celular; mas utiliza também a morte celular, ao enviar, ali onde esses mecanismos fracassaram, sinais que desencadeiam um processo de apoptose, bloqueando assim a proliferação. Portanto, uma disfunção nesse nível pode também estar implicada no surgimento da doença.

Por que esses conhecimentos ainda não tiveram conseqüências importantes para o tratamento do câncer? Provavelmente em razão do que nos revelam: a incrível multiplicidade das doenças agrupadas sob esse nome. Seria de esperar que uma causa comum, uma disfunção similar estivesse na origem da maioria dos tumores, o que permitiria desenvolver terapias genericamente aplicáveis. A realidade é completamente diferente, e a variedade das alterações suscetíveis de provocar a doença reflete a complexidade dos mecanismos de controle do ciclo celular. Mesmo cânceres de aparência idêntica podem corresponder à desativação de genes diferentes. Uma terapia seletiva e eficaz deveria agir diretamente sobre esse defeito, substituindo a proteína ausente, ou, ao contrário, reduzindo a atividade do gene que não está corretamente regulado em função da ausência de outra proteína. Mas o número de casos possíveis é muito grande, e os recursos que permitem definir rapidamente, para cada doente, a natureza da alteração molecular são ainda insuficientes. Terapias razoáveis aplicadas a cada tipo de câncer são agora concebíveis, mas seu aperfeiçoamento e utilização prática ainda vão exigir muito tempo.

Quando soubermos caracterizar rapidamente um câncer e dispusermos de medicamentos capazes de intervir seletivamente num ponto determinado do ciclo celular, um grande passo terá sido dado. Porém, para que a intervenção seja eficaz, também será preciso prever suas conseqüências, e, portanto, alcançar uma previsão dinâmica desse sistema extraordinariamente complicado. Complicado e, além do mais, ilógico: ele também foi construído pela evolução, por pinceladas e camadas sucessivas, e não a partir de um esquema lógico definido *a priori*. A compreensão de um conjunto tão complexo, construído de alhos e bugalhos, sem esquemas orientados, se assemelha à de um programa de computador já antigo. Depois de ter passado por múltiplas etapas, foi modificado por diversos programadores em função de imperativos já ultrapassados — como a codificação das datas para dois algarismos, fonte do famoso *bug* do ano 2000 —, porém assim mesmo deixaram vestígios no seio de inumeráveis subprogramas. Tornou-se quase impossível apreender seu modo operatório.

O funcionamento celular, do qual começamos a conhecer a maioria das engrenagens, é provavelmente de abordagem ainda mais difícil. Sua real compreensão irá exigir técnicas de análise matemática e de modelização que ainda não existem atualmente. As fulgurantes vitórias obtidas pela ciência e a medicina sobre certas doenças infecciosas infelizmente não irá se reproduzir para essas afecções complicadas e multiformes que, apesar do progresso, provavelmente continuarão a nos atingir ainda por muito tempo...

12. O CANTO DE AMOR DOS PEPINOS-DO-MAR

Apesar do sol já quente, o mar continua frio: serão necessárias semanas de tempo bom para atingir a temperatura que permita entrar na água sem tiritar. Porém, basta um dia de mistral para expulsar a água da superfície para o alto-mar, deixando subir de novo para o seu lugar o líquido gelado das profundezas... Visto minha roupa de mergulho e desço sem apreensão. A luz está boa, as pedras, as algas e as zonas arenosas do fundo aparecem nítidas, bem recortadas, um cardume de salemas desliza para baixo das posidônias: condições excelentes para um passeio enriquecido por alguns mergulhos em apnéia, por puro prazer. Eis um bloco rochoso de formas interessantes, cujo flanco próximo das algas parece comportar uma abertura que atrai minha curiosidade: talvez veja ali algum peixe um pouco maior, um polvo ou um peixe-escorpião... Desço dando fortes braçadas, o zumbido habitual das profundezas submarinas nos ouvidos, as coxas tomadas por um frio intenso. Nenhuma toca no rochedo; aproveito o mergulho e o ar que armazenei para acompanhar por um momento o fundo. Ali está um pepino-do-mar, numa posição bastante bizarra: está erguido verticalmente, tocando a areia apenas com uma extremidade, como se tivesse sido deslocado por um remoinho.

Postura inusitada: esse invertebrado bastante corrente nessas águas, e que os freqüentadores designam pelo poético nome de "merda-do-mar", encontra-se em geral deitado no fundo. Espécie de holotúria que se alimenta de plâncton, o animal tem de fato uma horrível cor preto-marrom, um tamanho e uma forma que correspondem à sua denominação vulgar. Embora não sejam nunca vistos se deslocando, não são desprovidos de toda mobilidade: se o mergulhador virar um, ele se animará com lentas contorções que rapidamente o levam de volta à sua posição inicial. Subo de novo e, da superfície, olho para baixo: todos os pepinos, retilíneos como Is, se balançam suavemente nos remoinhos... Durante meu passeio, eu os verei sempre nessa posição. Nenhuma dúvida, deram a senha: deve ser o momento da reprodução, aquele em que cada um deles libera seu esperma ou seus óvulos a fim de produzir o encontro mágico, quando nascem novos pequenos pepinos-do-mar.

É naturalmente lógico que ajam assim combinados: para que serviria espalhar o sêmen no mar se permanecesse sem companhia? Mas como um organismo aparentemente tão rudimentar consegue tal sincronização? Isso me fez pensar no grande dia de reprodução na magnífica barreira de coral que se estende por centenas de quilômetros no nordeste da Austrália. Um lugar do qual guardo uma lembrança maravilhosa, tendo tido um dia o privilégio de mergulhar por entre aqueles corais vermelhos, verdes, azuis, amarelos, cercados de nuvens de peixes de todos os tamanhos. O coral também tem um modo de reprodução sexual, liberando espermatozóides e óvulos no mar; isso acontece numa determinada noite, de maneira sincrônica, no conjunto da Grande Barreira, e cria na superfície da água uma espécie de via-láctea, tanto é denso o sêmen... Depois da fecundação, pequenas larvas móveis se desenvolvem, e aquelas que os peixes não terão comido poderão fundar novas colônias coralíferas.

O quinto elemento — o amor, ou pelo menos a sexualidade, aquele que faz girar o mundo... Nem todos os organismos se beneficiam dele, e essa foi uma estratégia que um dia teve de ser inventada pela evolução — que, claro, não inventa nada, contentando-se em triar entre as variantes que surgem ao acaso das mutações. Para grande número de algas unicelulares ou de bactérias, o modo principal ou único de reprodução é a divisão em duas células filhas idênticas (salvo no tamanho) à sua "mãe". Isso não impede a evolução: mutações ocorrem no DNA do microorganismo, sobretudo na fase delicada de sua replicação, necessária para transmitir um exemplar do genoma a cada descendente. Ao cabo de algumas gerações, uma cultura de bactérias, a princípio originária de um único micróbio, se compõe de centenas de milhares de indivíduos, entre os quais se acham numerosas variantes em função das mutações avindas no curso dessas divisões sucessivas. Se acrescentarmos à cultura um produto que teria sido mortal para a bactéria do início, haverá fortes chances para que um mutante já surgido lhe resista e garanta, por seu lado, o desenvolvimento de uma nova população.

O processo portanto é eficaz; mas a sexualidade lhe confere nova dimensão. Ela traz a faculdade de associar características surgidas independentemente nos indivíduos, e de fazê-lo em escala muito grande. Uma nova combinatória então se inaugura, permitindo a associação acelerada de genes, e portanto de caracteres. Tornam-se então possíveis uma adaptação mais rápida às condições do meio, uma maior variedade no seio da população e a associação, em alguns indivíduos, das características mas favoráveis. As bactérias apresentam às vezes uma espécie de sexualidade: em certas condições, uma bactéria "macho" injeta uma cópia de seu único cromossomo numa bactéria "fêmea", onde essa nova informação se recombina com a antiga, de maneira a formar um genoma inédito. Sexualidade bacteriana que desempenhou grande papel na elucidação dos mecanismos hereditários, em especial nos laboratórios do Instituto Pasteur na época heróica dos anos 1960, quando François Jacob e Jacques Monod* ali trabalhavam numa espécie de celeiro. Ali provocava-se uma conjugação de bactérias que depois eram colocadas em presença de um tratamento apropriado no instante zero, sendo a cópula interrompida no momento escolhido graças ao disparo do liquidificador no bolo em que estavam colocadas as culturas bacterianas... Esse brutal *coitus interruptus* quebrava o tênue fio de DNA que ligava cada par, permitindo em seguida estudar quais genes tinham sido transmitidos em um dado tempo, e, portanto, determinar cada vez mais de perto sua ordem no cromossomo bacteriano.

Nos organismos multicelulares, a sexualidade é mais evoluída, além de acompanhada de uma "triagem de cartas" que aumenta sua eficácia. O filho não apresenta uma simples mistura das características dos pais: constitui um ser novo e

* François Jacob (1920) e Jacques Monod (1910-1976), junto com André Lowoff, os três pesquisando no Instituto Pasteur, na França, receberam o Prêmio Nobel de Medicina, em 1961, por descobertas relativas às atividades dos genes. (N.T.)

às vezes inesperado, como a criança de olhos azuis originária de dois pais de olhos escuros. Cada um de nós tem dois exemplares de cada cromossomo, que se parecem muito e carregam os mesmos genes nas mesmas posições, mas com ligeiras diferenças correspondentes às diferentes variantes que existem para cada gene. As células sexuais a partir das quais será constituída a criança contêm, por sua vez, um único jogo de cromossomos, e cada um deles é uma espécie de *patchwork* dos dois cromossomos correspondentes, provenientes do pai (para o espermatozóide) ou da mãe (para o óvulo). Além disso, esse *patchwork* é diferente de uma célula para outra: cada espermatozóide e cada óvulo são únicos. Os cromossomos que contêm, produto da *recombinação* entre os cromossomos parentais, apresentam um sortimento particular de versões de milhares de genes, sortimento que jamais existiu e jamais será reproduzido. O filho originário da união dessas duas células também é único, amplamente imprevisível, e, embora parecido com seus pais, difere deles em diversos aspectos. Eis como a mistura pode criar a diversidade...

Diversidade fundamental para a sobrevivência da espécie: ela assegura que serão sempre encontrados pelo menos alguns indivíduos resistentes por ocasião de um novo patógeno, por ocasião de uma mudança brutal de ambiente, permitindo assim à população — mesmo que não à totalidade de seus membros — se perpetuar. Apesar da complexidade e às vezes da esquisitice das formas que assume atualmente, podemos imaginar claramente como a sexualidade pôde surgir ao longo da evolução: o estudo dos organismos existentes nos oferece um panorama muito vasto da maneira como o DNA de dois indivíduos pode se combinar para ser transmitido à descendência, e a vantagem seletiva que daí decorre é tão nítida que não nos espantamos com sua generalização. Não esqueçamos que, do ponto de vista da evolução, a transmissão de nossos genes a uma descendência tão numerosa quanto possível é a única razão de nossa existência.

Essa realidade evolutiva naturalmente perdeu sua força em nossa civilização, que teria antes necessidade de limitar seu crescimento, e na qual a dissociação entre sexualidade e reprodução é quase completa (não obstante Sua Santidade, o papa). Mas o exame dos animais e de seu comportamento mostra-a em toda sua pujança. Lembro-me de minha preocupação quando, ainda jovem pesquisador, tive que encarar a dissecção de testículos de drosófilo para deles extrair moléculas de RNA que eu desejava observar no microscópio eletrônico e que só se encontravam em abundância nesse tecido. O drosófilo é uma mosca, ou melhor, uma mosquinha, e eu sentia dificuldade de me imaginar extirpando manualmente esses órgãos, que supunha minúsculos... Mas o inseto adulto é uma máquina a se reproduzir: os testículos ocupam a metade do abdome do macho e, ao cabo de algumas horas de treinamento, eu os retirei sem dificuldade de minhas moscas previamente adormecidas pelo éter.

Nós mesmos, por mais aculturados que sejamos, não deixamos de preservar elementos desse passado em nossos comportamentos. Sem cair no delírio de certos sociobiólogos que pretendem explicar o conjunto dos comportamentos humanos por referência à evolução da espécie e à sua proximidade em relação aos grandes macacos, é preciso reconhecer que a assimetria freqüentemente constatada entre as reações sexuais masculinas e femininas corresponde a uma impecável lógica evolutiva. Para o homem, que investe na copulação apenas alguns milhões de espermatozóides, recurso abundante e facilmente renovável, a melhor maneira de transmitir seus genes num número máximo de descendentes é ter tantos parceiros quanto possível. Pode-se pensar que genes (versões de genes) que propiciam esse comportamento no macho foram selecionados positivamente ao longo dos milênios, e não é absurdo imaginar que continuam a ter certa influência, mesmo quando as condições de vida mudaram radicalmente: do ponto de vista evolutivo, cem mil anos praticamente não contam. Em contrapartida, a mulher, que compromete no assunto nove meses de gravidez, um gasto energético importante e um risco sanitário não desprezível (sobretudo nas condições de vida que reinavam há mil séculos...), buscará antes de tudo um parceiro estável que proteja o investimento por ela efetuado para a propagação de seus genes, que lhe traga fielmente alimentação, arrume a caverna e afaste os ursos...

Tudo isso deve naturalmente ser modulado levando-se em conta a novidade única que representa o advento da consciência, o desenvolvimento de uma cultura transmitida de uma geração para outra por meios não genéticos e o surgimento de civilizações cujos membros cooperam ao mesmo tempo que conservam sua individualidade (ao contrário de sociedades de abelhas ou de formigas, que constituem de fato um único organismo). Os códigos, as modalidades e os fins da sexualidade humana não têm mais grande coisa a ver com seu determinismo biológico. No entanto, este mantém provavelmente uma certa presença, uma influência perceptível em nossos comportamentos. Afirmar que nosso comportamento social é diretamente determinado por essa herança biológica é absurdo: estamos evidentemente muito longe do estado de natureza. Sustentar que a cultura, a fé religiosa ou a virtude dialética do marxismo-leninismo apagaram todo vestígio desse passado ainda próximo é no mínimo a mesma coisa...

13. A INVASÃO DOS NÁUTILOS

A angra está salpicada de pontinhos azulados e translúcidos. Uma invasão de medusas? Em certas épocas, no verão, quando a água está quente, elas aparecem às centenas, expulsando os banhistas e aterrorizando as famílias. Freqüentemente de tamanho pequeno, são difíceis de ver, e roçamos inadvertidamente nelas: a queimadura provocada por seus tentáculos é ardida e às vezes deixa cicatrizes feias. Mas os organismos que estou vendo hoje são de outra natureza: flutuam na superfície das marolas em lugar de derivar entre duas ondas, têm forma oval, como pequenos barquinhos, e a mesma espécie de vela por cima de sua concha. Na água, abaixo da linha de flutuação do minúsculo navio, uma profusão de dezenas de pequenos babados que se agitam e provavelmente têm uma função em sua propulsão. O conjunto é de um bonito branco azulado, delicado e inofensivo: um tipo de náutilo. É a primeira vez que os observo aqui. Uma conjunção de acontecimentos desconhecidos (temperatura, correntes, rarefação de um predador...) os fez subitamente eclodir em massa. Infelizmente, essa flotilha não navegará por muito tempo:

a brisa do mar que chegou arrasta-a para os rochedos. Os movimentos de seus tentáculos não são suficientes para enfrentar a força do vento com sua vela, e derivam para a beira a fim de ali se juntarem em montículos translúcidos que logo secam ao sol de julho, deixando apenas um tênue véu acinzentado agarrado na rocha.

O doloroso destino de uma frota de náutilos, ínfima tragédia que ocorreu sem que ninguém percebesse, me faz lembrar aquela amável ficção de uma "mãe Natureza" velando por todos os seres e dispondo harmoniosamente seu futuro. Paraíso perdido no qual tudo é harmonia e onde convivem pacificamente o lobo e o cordeiro... Essa visão se exprime de maneira científica pela "teoria Gaia" (do nome de uma deusa grega que teria criado o mundo vivo a partir do caos original). A teoria Gaia concebe a Terra como uma espécie de organismo auto-regulador graças a um conjunto de mecanismos que implicam o mundo vivo e acabam por manter condições (temperatura, por exemplo) compatíveis com a vida. Essa teoria, a meu ver, exprime muito mais um desejo que uma realidade, e, apesar de sua repercussão na mídia, carece terrivelmente de bases sólidas... Mais prosaicamente, o mito da Natureza e de sua bondade se manifesta de mil maneiras: produtos "naturais" e por definição bons, distinções (absurdas, mas às vezes bastante compensadoras) entre moléculas extraídas de produtos vegetais e as mesmas entidades reconstituídas por sínteses... Lenda da boa natureza, reforçada pelos múltiplos erros e atrocidades cometidos em nome do crescimento da produção ou do lucro, essa fábula tem raízes bem profundas: a necessidade de acreditar numa ordem imanente e numa harmonia natural.

Na realidade, a natureza é tudo menos boa, e os exemplos de sua crueldade abundam. Lagartas paralisadas pela picada de uma vespa que põe ovos no seu corpo a fim de que suas larvas se alimentem da carne viva antes de deixarem seu envoltório vazio para, por sua vez, se metamorfosearem e se transformarem em vespas; leões que, ao se apossarem de um harém de fêmeas, começam por matar todos os leõezinhos para copular em seguida com as leoas cuja nova progenitura carregará seus genes. E, claro, todos aqueles animais que nascem, adoráveis bolinhas de pêlo ou de pluma, para logo terminarem sua breve existência no terror, entre as mandíbulas de um predador — cuja vida é ela própria precária e ameaçada...

A natureza não é cruel, mas profundamente, totalmente, indiferente. As estratégias supersofisticadas elaboradas ao longo de milhões de anos têm apenas uma única significação: asseguram a presença na geração seguinte do maior número possível dos genes que as determinam. Ao se dizer isso, subentende-se que os comportamentos animais são amplamente ditados pelos genes: as condutas da formiga, da vespa, mas também — em larga medida — dos mamíferos pequenos e grandes são efetivamente *hard-wired*, inscritas no número, na posição e nas conexões de neurônios realizadas no curso de um desenvolvimento embrionário geneticamente programado. A interação com os pais, a imitação, a aprendizagem ou o treinamento assumem cada vez mais importância à medida que nos aproximamos do homem, cujo modo de vida introduz, por sua vez, uma ruptura quase total com essa lógica. Não deixa de ser verdade que o mundo da natureza é dominado por comportamentos instintivos ditados pelos genes e destinados a garantir sua propagação.

A bondade, a compaixão ou a crueldade não têm significação nessa lógica: só conta a eficiência, que garante a difusão dos genes que induzem os comportamentos mais favoráveis à sua difusão — segundo essa aparente tautologia que é o núcleo do mecanismo da evolução. O Bem e o Mal são valores de outra ordem, criações humanas que às vezes somos tentados a encaixar numa realidade que lhes é estranha. Curiosa delicadeza da parte de uma espécie capaz de se entredevorar em nome de Cristo, de Alá ou do materialismo dialético...

A crueldade da natureza não é nada comparada à do homem. Não é apenas uma questão de intensidade, de freqüência, de quantidade: sua essência é diferente. O comportamento animal não é gratuito, tendo um sentido e uma lógica em termos de evolução e de sobrevivência do indivíduo e da espécie, e isso até em seus aspectos mais horríveis. O termo "crueldade" não passa de um rótulo atribuído por nós. Além do mais, a violência do mundo animal é exercida freqüentemente contra uma outra espécie, e não entre indivíduos de uma mesma filiação. Nossa crueldade é totalmente diferente. É consciente, reconhecida por quem a exerce, por quem se vangloria dela; e é o mais das vezes gratuita, sem fim utilitário. Os campos de extermínio do III Reich mobilizaram recursos (construções, transportes, pessoal) sem medida comum com a quantidade de trabalho fornecida pelos poucos prisioneiros que eram obrigados a labutar antes de serem mortos com gás. Esse sistema era totalmente irracional do ponto de vista da eficácia de um esforço de guerra, correspondendo de fato a necessidades totalmente outras, ideológicas, afetivas, de certo modo. E podemos dizer o mesmo da maioria dos massacres que mancham nossa história, assim como daqueles que se desenrolam ainda em nossos dias. Essas aberrações, voltarei a isso, me parecem ligadas à nossa condição única de ser vivo consciente, cônscio de sua existência, mas também de seu inevitável fim, apavorado com essa perspectiva e disposto a tudo, inclusive matar ou morrer, para esquecê-la, negá-la...

Com a noite, chega a virada: a brisa do mar amaina, e logo se ergue um vento de terra leve e morno, que traz aromas de *maquis* e afasta da margem os poucos náutilos sobreviventes. Minúsculas e delicadas embarcações, ei-las que partem novamente para o alto-mar, rumo a um destino que ignoro. Frágeis esquifes, tão frágeis provavelmente quanto a esperança de uma humanidade mais suave, mais ponderada, capaz de viver sua trágica e maravilhosa condição de outra maneira que não no ódio e no desespero...

14. A BRUMA DE UMA NOITE DE VERÃO

É noite no cabo: vim passar a noite aqui. Nada fácil encontrar um lugar bastante plano para estender meu saco de dormir; mas um tempo atrás descobri um espaço milagrosamente horizontal, embaixo de um carvalho verde, entre dois grandes blocos de pedra que se soltaram da falésia. Depois dos pedregulhos, dos deslizamentos de terra, das extensões de *maquis* espinhosos e compactos agarrados às encostas escarpadas, esse lugar acolhedor exala uma sensação de calma, de doçura, e fico contente por passar uma noite ao ar livre. Um toldo para me isolar do sol, uma garrafa d'água, a lanterna de bolso, eis-me instalado. Bem próxima, uma muralha rochosa se projeta alguns metros sobre a praia, rochas vermelhas e pretas que caem verticalmente sobre o mar. É fácil entrar na água nesses lugares, basta saltar; mas pobre do imprudente que não marcar previamente um lugar para subir de novo, sobretudo quando o mar está agitado...

Não é esse o caso: nem uma lufada de vento, a água estende-se perfeitamente plana até o horizonte e, no frescor que anuncia a noite, vai escurecendo com uma leve bruma que suaviza os contornos da costa. Em frente, as falésias dos alcantilados se destacam sobre o céu que começa a escurecer. Paisagens de fiordes, de montanhas que mergulham na água, de ravinas abruptas: trata-se na verdade de vales que se prolongam longe sob o mar. Essa paisagem se formou há muito tempo, quando a Terra estava sob o domínio das glaciações, e o nível da água do Mediterrâneo, água retida nas imensidões geladas do Norte e do Sul, não era o mesmo que conhecemos hoje. Os vales escavados naquela época pelos rios foram em seguida inundados pouco a pouco, à medida que o gelo derretia; seu relevo se desenha claramente nos sonares dos oceanógrafos. Esta noite, com a bruma que progressivamente dissimula o mar calmo, sou capaz de me imaginar sentado na encosta de uma montanha, vislumbrando vales inundados pelas nuvens...

Foi bem ali, em frente, do outro lado da baía, que um mergulhador fez há alguns anos a descoberta de uma gruta acessível apenas por uma longa passagem estreita que desemboca aproximadamente a 40 metros sob o nível atual do mar. Esse estreito corredor submarino sobe de novo ao coração da falésia e leva a um conjunto de grutas que se salvaram de ser soterradas, ornamentadas com pinturas de animais, cavalos, bisões, felinos e até mesmo pingüins. Obra de homens que viveram aqui há mais de 20 mil anos, essas representações atestam o clima da época, mas também o nível em que então se situava o mar. Elas são sobretudo testemunhas desses seres antigos e no entanto tão próximos.

O surgimento do homem é um processo progressivo, que parece ter explodido há cerca de dez milhões de anos. Os macacos (mais precisamente os primatas) surgiram há cerca de 65 milhões de anos, depois do desaparecimento dos dinossauros que reinavam sobre a Terra há mais de cem milhões de anos. Animais do tamanho de um rato grande, no início, se diversificaram em numerosas espécies, as mais evoluídas dentre elas vivendo na África. Esses macacos habitavam as árvores da floresta, se alimentavam de frutos, insetos e eventualmente de pequenos animais; há seis ou sete milhões de anos, uma variante se destacou do grupo dos primatas (ancestrais dos grandes macacos de hoje, chimpanzés, gorilas...). Deixou as árvores e a floresta para ocupar progressivamente um novo nicho ecológico, o da savana; seu regime, vegetariano no início, mudou: tornou-se carnívoro. Carnívoro "oportunista": a carne que consumia provinha essencialmente de animais já mortos, por doença ou acidente, ou de restos deixados pelos predadores primários, leões ou guepardos — o homem só se tornará um verdadeiro caçador bem mais tarde. Nesse novo ambiente, a variante pouco a pouco adotou a postura ereta, mais bem adaptada a seu novo estilo de vida.

Em três ou quatro milhões de anos, esse "macaco do Sul" (australopiteco: tudo isso se passa na África, berço da humanidade) tornou-se *Homo habilis*, o homem que utiliza ferramentas — no caso, estilhaços de pedra toscamente trabalhados. Mais precisamente, o australopiteco primitivo deu origem a diferentes linhagens; uma delas evoluiu até o ser que chamamos *Homo habilis*, as outras desapareceram depois de um ou dois milhões de anos, deixando-nos contudo vestígios suficientes para que pudéssemos conhecer sua existência. Pois a história do surgimento do homem não segue um esquema linear, sendo, ao contrário, repleta de tentativas não materializadas, de falsas pistas e ramificações que floresceram e depois pereceram — além disso, só conhecemos os que foram suficientemente abastados para nos deixar fósseis...

Há cerca de um milhão de anos, o *Homo habilis* se tornou *Homo erectus*, o homem em pé — espécie bem mal nomeada, por sinal, uma vez que o australopiteco já andava sobre suas patas de trás há três milhões de anos! O *Homo erectus* vivia, como seus ancestrais, na savana africana, andando e correndo como nós, utilizando instrumentos primitivos e provavelmente conhecendo o fogo. Sua aparência, no que diz respeito ao rosto, ainda era simiesca, com um queixo e uma testa retraídos. No entanto, seu cérebro não era em nada menor que o nosso; mas, para ser verdadeiramente um homem, faltava-lhe a linguagem, que ainda levaria algum tempo para aparecer...

Pode parecer temerário enunciar tais afirmações. Afinal, o que resta desses pré-homens? Alguns fósseis mais ou menos bem preservados autorizariam conclusões tão precisas? Tudo indica que sim, ainda que os cientistas não sejam unânimes sobre este ponto. A linguagem articulada necessita da importante capacidade de modulação dos sons. Durante os anos 1970, alguns pesquisadores criaram chimpanzés ou gorilas cercando-os de tantos cuidados e estímulos quanto as crianças humanas. Esperavam conseguir fazer com que usassem um embrião de linguagem, pelo menos algumas dezenas de palavras. Não aconteceu nada disso, apesar de esses primatas serem dotados de certa inteligência e estarem aptos a aprendizagens relativamente evoluídas. São, na realidade, fisiologicamente incapazes de falar: a posição de sua laringe, nitidamente mais elevada que no homem, não permite isso. Não se trata de um problema de compreensão (são por sinal capazes de aprender um imenso número de sinais na linguagem dos surdo-mudos e de cientemente utilizá-los), mas de uma questão de morfologia.

O *Homo erectus* falava? Segundo os especialistas (ou pelo menos a maioria deles), a posição do osso hióide que ultrapassa a laringe pode ser deduzida do estudo das ossadas, mostrando que esse ancestral encaixava-se na mesma classificação do nosso primo chimpanzé: era fisiologicamente incapaz de produzir sons articulados, e portanto desprovido de linguagem no sentido em que a entendemos. Ora, a ausência de linguagem impede o florescimento da cultura, da simbolização e da técnica também. Essa incapacidade ainda iria perdurar centenas de milhares de anos...

Uma grande migração a partir da África começou há cerca de 300 mil anos. Não era a primeira: deslocamentos mais antigos haviam ocorrido na Ásia, mas não tinham resultado no estabelecimento duradouro de populações. Estas acabaram por desaparecer — deixando fósseis como o "homem de Pequim", o que por um certo tempo sugeriu que a China havia sido o berço da humanidade. Simultaneamente, o *Homo habilis* se transformava, dando origem a pelo menos dois ramos, o que denominamos o homem de Neandertal e um outro, que iria se tornar o homem de Cro-Magnon. O primeiro, mais robusto e dotado de uma capacidade craniana elevada (superava às vezes a do homem moderno), ia conhecer um certo sucesso e se espalhar por toda a Europa. Mas, caçador emérito e quase exclusivamente carnívoro, não iria sobreviver ao final da última glaciação. Esta provocou uma modificação do clima, a rarefação dos grandes mamíferos e até mesmo o desaparecimento de alguns deles, como os mamutes: o homem de Neandertal desapareceu definitivamente há 20 ou 30 mil anos. A análise das ossadas indica que sua laringe provavelmente não permitia a linguagem articulada: esse homem tão próximo de nós e talvez potencialmente mais inteligente era quase com certeza privado de fala.

O representante do segundo ramo, o homem de Cro-Magnon, mais frágil, parecia a princípio em desvantagem. Na verdade permaneceu por muito tempo nos limites da Europa, só se disseminando de fato há aproximadamente 50 mil anos, justo quando começaram as dificuldades para o homem de Neandertal. Seu regime onívoro sem dúvida lhe foi vantajoso no momento das grandes mudanças climáticas, e, acima de tudo, era fisiologicamente capaz de falar. Os gritos e grunhidos rapidamente se transformaram, ao longo das gerações, em sons codificados, veiculando informações, e esses códigos puderam ser transmitidos dos pais para os filhos graças ao longo período de dependência dos filhotes humanos. Esse compartilhamento das experiências e das informações conferia aos grupos de homens de Cro-Magnon uma vantagem preciosa, que provavelmente esteve na origem de seu rápido sucesso.

Com a linguagem, o mecanismo da cultura e da simbolização havia deslanchado. É com o homem de Cro-Magnon que surgem os desenhos e as pinturas nas paredes das cavernas, a arte parietal, assim como as esculturas em osso ou marfim, e, num plano mais utilitário, as roupas costuradas. Foi também ele que nos deixou diversas sepulturas (existem algumas atribuídas ao homem de Neandertal) atestando ritos e religiões. É nesse ponto que se situa o início da cultura, há cem ou duzentos mil anos, quando começa realmente a aventura humana e nasce o *Homo sapiens sapiens*.

Nada indica que os dois ramos tenham tido contatos importantes. Existem alguns sinais de mestiçagem: foram achados esqueletos que apresentavam uma morfologia intermediária entre os dois tipos. Esses indícios, bem raros e cuja interpretação permanece discutível, foram recentemente contrariados pela análise do DNA extraído de fósseis. A incrível resistência dessa molécula permitiu a obtenção de pequenas quantidades dela a partir de ossadas humanas fossilizadas e, depois, a análise e leitura da seqüência de suas bases. Conseguimos assim remontar no passado e escrutar o patrimônio genético de seres desaparecidos há cem mil anos... Essas análises são bem parciais e dizem respeito a minúsculos segmentos de DNA, mas seu conjunto mostra de forma conclusiva que não somos aparentados aos neandertais: as divergências entre nosso DNA e o deles são significativas demais para que sejamos seus descendentes. É inclusive possível que uniões entre neandertais e homens de Cro-Magnon, caso tenham ocorrido, não se mostrassem férteis em razão dessa distância genética... Não esqueçamos também que, na época, as populações humanas, além de pouco numerosas, estavam dispersas sobre vastos territórios, e que modos de vida provavelmente diferentes os impediam de entrar em concorrência direta e até mesmo de se encontrar.

Portanto, os neandertais desapareceram sem deixar posteridade, como diversos hominídeos de que encontramos vestígios. A evolução não conduzia fatalmente ao *Homo sapiens sapiens*; de fato, foi por pouco que nosso ramo também não desapareceu. Apesar de sua aparente diversidade, a espécie humana atual é extraordinariamente homogênea do ponto de vista genético, bem mais no entanto que a população geográfica e numericamente restrita dos gorilas e dos chimpanzés. Isso indica que ela se multiplicou muito recentemente, a partir de um grupo de pequenas dimensões. Mais precisamente, a expansão importante se situaria há 50 mil anos, e a população em questão representaria apenas uma dezena de milhares de indivíduos — ancestrais de todos os homens que povoam atualmente a Terra. Foi esse grupo exíguo, inteligente, ágil e provavelmente agressivo que se revelou tão bem armado para sobreviver nos diferentes ambientes terrestres, espalhando-se em pouco tempo pelo conjunto do globo e suplantando os outros hominídeos. Essa população de elite provinha da África, continente atualmente maldito, descaracterizado pela colonização, minado pela Aids e devastado por atrozes e intermináveis guerras: estranha inversão da história...

Seres humanos do terceiro milênio, cujo número logo atingirá a cifra louca de dez bilhões, somos portanto descendentes do homem de Cro-Magnon. Na verdade, somos seus irmãos, ao mesmo tempo que seus tatara-tatara-tataranetos, no sentido de que não há diferença biológica nítida entre ele e nós. Em cem mil anos, o essencial do organismo humano não teve tempo de mudar, salvo determinadas modificações superficiais (como a cor da pele). O homem moderno — o que fala, elabora culturas e edifica civilizações — acaba de aparecer na história da Terra: cem mil anos é um piscar de olhos no tempo da evolução. No entanto, ao longo dos dois últimos séculos, multiplicamos fantasticamente nossos poderes, a ponto de sabermos desintegrar o átomo ou intervir no clima de nosso planeta: aonde vamos chegar em mil séculos, se é que ainda existiremos como espécie.

Já as estrelas não mudaram. Essas constelações que contemplo na noite agora totalmente caída, tiritando um pouco no vento ligeiro que se ergueu, encontravam-se no mesmo lugar há 20 mil anos. Meu ancestral que acampava ali, na beira d'água, perto do corredor submarino que leva à gruta sagrada, admirou o mesmo céu, e provavelmente lhe dirigiu preces que permanecerão para sempre desconhecidas. E, agora, aninhado no calor do meu saco de dormir, olhando o céu através dos ramos do carvalho verde, adormeço sentindo a unidade profunda da linhagem a que pertenço para além dos séculos...

15. Uma espécie singular

A noite ao ar livre é pouco propícia a um sono pesado. Desperto de vez em quando, me viro, durmo de novo por uma ou duas horas... Desta vez o estalar de um galho me alertou: nessa escuridão misteriosa, embora vigilante, sou sensível aos menores ruídos. O estalo é seguido de um farfalhar discreto, bater de asas de um passarinho provavelmente capturado por um pequeno roedor. Não tenho pressa de voltar a dormir. Deitado de barriga para cima, em meu saco todo úmido de orvalho por fora, mas bem seco em contato com minha pele, respiro as fragrâncias do *maquis* e escuto os mil rumores da noite, sublinhados pelo marulhar profundo. Todo esticado, concentro-me na rigidez da terra e sinto-me carregado por ela ao longo de minha coluna vertebral: terra da qual saí, a que pertenço e a que um dia retornarei. Acima de mim, o céu brilha com todas as suas luzes para meus olhos agora bem adaptados à escuridão.

Cosmo quase infinito no qual turbilhonam lentamente incontáveis galáxias, bilhões de estrelas, entre as quais muitas rodeadas de planetas, alguns talvez habitados por seres vivos... O que significa minha breve existência neste Universo onde minha espécie não ocupa nenhum tipo de lugar privilegiado? Este mundo não é obra de um Deus barbudo que nos teria concebido à sua imagem, e não foi para o homem que os céus e a Terra foram criados. Compreendo a força dos mitos consoladores, embora seja radicalmente incapaz de a eles me apegar — justamente porque está evidente que são apenas consoladores. Mitos cuja força se deve também ao razoável mistério que paira sobre essa imensidão. Decerto somos capazes de contar, de observar esses corpos celestes, de avaliar sua velocidade, sua idade e sua composição; deduzimos disso que esse Universo nasceu há 15 bilhões de anos, que resulta de um *big bang* primitivo cujos vestígios remanescentes descobrimos, as "rugas do tempo"... Mas a significação, o sentido profundo desse conjunto, sempre nos escapará.

Encontraremos um dia o rastro de um Criador supremo, dissimulado no seio de um dos números que figuram nas leis físicas ou matemáticas, como conta Carl Sagan* num belo relato de ficção científica? Pi, número mágico da geometria do círculo, comporta um número infinito de decimais. Sagan imagina que um cálculo bem prolongado dos algarismos situados longe, depois da vírgula, revela uma série de 1 e de 0, à exceção de qualquer outro algarismo. Os cientistas, intrigados por essa anomalia, logo percebem que essa série se presta a uma representação gráfica bastante evidente para os especialistas: a imagem então obtida desenha um círculo perfeito... Uma figura oculta nas profundezas de uma constante matemática, e também perfeitamente coerente com sua sig-

* Trata-se de *Contato* (São Paulo, Companhia das Letras, 1997). (N.T.)

nificação, constituiria de fato uma espécie de mensagem embutida no coração da matéria. Sugeriria a existência de uma inteligência superior que teria imprimido sua marca na própria trama das leis que regem o Universo. No entanto, mesmo nesse caso, nossa existência na superfície de um obscuro planeta permaneceria um puro acaso e não o resultado de uma Criação da qual seríamos o fim último.

A espécie humana é o produto da evolução, impossível duvidar disso hoje, quaisquer que sejam os combates reacionários que ainda travam criacionistas retardados no Nebraska ou católicos prontos a queimar Darwin, na ausência de Galileu. Encontramos o vestígio disso em cada um de nossos genes, espantosamente próximos dos do chimpanzé, do camundongo, do drosófilo, e até mesmo da bactéria. Nessa escala, o homem, como hoje o definimos, é extraordinariamente recente: 200 a 300 mil anos no máximo. Do ponto de vista da evolução, é uma duração insignificante: se representarmos o tempo passado desde o surgimento da primeira bactéria primitiva por um dia de 24 horas, nossa espécie só existe há alguns segundos. Já os dinossauros resistiram pouco mais de uma hora... Quantos minutos nossa humanidade tão cheia de si ocupará nessa história?

O atributo que nos distingue de todos os outros animais, a consciência, é igualmente resultado da evolução. Certo, a eclosão dessa faculdade não foi reproduzida em laboratório, tampouco a da vida: como muitas vezes nesse domínio, somos limitados a reconstruir roteiros a partir de vestígios fósseis ou de seqüências de DNA. A escala da experimentação — milhões de organismos durante milhões de anos — será para sempre inacessível para nós. Mas o processo que imaginamos é eminentemente plausível. Apóia-se em dois fenômenos.

A complexificação crescente do sistema nervoso, isto é, o aumento exponencial do número de conexões neuronais ligadas à seleção feroz por um meio impiedoso já traz consigo o germe de uma mudança qualitativa: a partir de um certo grau de complexidade, um sistema adquire propriedades novas e às vezes surpreendentes. Mais diretamente, a necessidade — para sobreviver e deixar uma descendência — de um comportamento tão adaptado quanto possível seleciona os animais capazes de maior senso de antecipação.

Isso é o mesmo que dizer que o indivíduo forma, em seu cérebro, uma espécie de modelo do mundo exterior, o que lhe permitiria imaginar o encadeamento de acontecimentos ainda hipotéticos. Chega então obrigatoriamente o momento em que esse modelo, para ganhar em eficácia, deve incluir o próprio animal, a fim de que essa visão do mundo seja completa e pertinente. Mas ter uma imagem do mundo na qual se está incluído já é *ver a si mesmo*, e isto, a meu ver, é a etapa fundamental do surgimento da consciência. Trata-se aí de uma guinada maior, de uma verdadeira mudança qualitativa, tornada necessária pela competição acirrada entre as espécies vivas e tornada possível graças ao desenvolvimento do cérebro. O resto não passa de mudanças progressivas que não colocam problema conceitual — trata-se nesse caso apenas de transformações em "passos pequenos", as que percebemos com facilidade.

Singular destino o de nossa espécie, estranha situação a minha, animal efêmero, refletindo até a vertigem no meio da imensa noite, à beira do mar eterno e sob as constelações imutáveis! Não é apenas a consciência de existir que me isola e vincula ao mesmo tempo a tudo o que me rodeia nesse lugar para mim privilegiado, nesse tempo cujo escoar sinto e meço. O que percebo esta noite resulta também de toda a cultura que constitui minha espécie e do que me foi transmitido. A consciência em si não é nosso apanágio exclusivo. Encontra-se sob uma forma rudimentar em certos animais, nos grandes macacos com certeza, em outros provavelmente, e é acompanhada de certas aptidões à abstração e à associação de símbolos, objetos ou ações. Mas seu desenvolvimento, sistemático, aliado à fala, que só existe em nós, tem conseqüências profundas. Chegamos a nos conceber alternadamente como sujeito e objeto, num vaivém que nesta noite me dá vertigem, e damos provas de capacidade de abstração e simbolização. Manipulamos o mundo material que nos cerca ao mesmo tempo dublando-o com um mundo espiritual que se manifesta desde as primeiras gravuras rupestres e assume formas infinitamente variadas. Vivemos tanto no passado e no futuro como no presente, ligando assim as diferentes épocas de nossa vida para disso fazer um todo cuja coerência é vital para nós. Assim, o que estou vendo nesta noite no cabo se liga ao que vivi em outras épocas e lugares, ao que li, ao que me ensinaram professores ou amigos, e as impressões que sinto sob esse céu magnífico são poderosamente reforçadas por todas as conseqüências que se estabelecem quase à minha revelia.

Na realidade, e apenas de alguns milhares de anos para cá, nós escapamos da evolução. Ou melhor, deflagramos um novo processo que nada tem a ver com o DNA e as mutações, que age a uma velocidade inimaginável, cem, mil vezes mais rápida que a evolução biológica e cujos resultados permanecem imprevisíveis. Pois trata-se agora de uma evolução cumulativa, que transmite a cada geração o essencial das aquisições da geração precedente...

A diferença em relação à transmissão biológica é fundamental, ainda que a distinção nem sempre tenha sido clara no passado. A hereditariedade dos caracteres adquiridos parecia natural para o século XIX. Lamarck foi seu defensor mais conhecido, mas o próprio Darwin considerava que as variações sobre as quais se exerce a seleção resultam em parte dos acontecimentos ocorridos no curso da existência do indivíduo. É preciso dizer que a noção de gene não existia, e que os trabalhos de Mendel, publicados em 1866, quase dez anos depois de *A origem das espécies*, permaneceram ignorados durante praticamente 40 anos. Foi apenas no século XX que o mecanismo da evolução foi esclarecido: mutações aleatórias ocorridas ao nível do DNA acarretam o surgimento de novos fenótipos, e o meio seleciona os organismos mais bem adaptados às condições do momento. Os negros não têm a epiderme escura porque seus ancestrais se bronzearam ao sol da África e depois transmitiram essa cor trigueira a seus descendentes, como se pensava antes... Não, ao longo dos milênios, aqueles cuja cor da pele protegia dos efeitos do sol sobreviveram melhor nas condições da savana. Engendraram uma descendência mais numerosa que a de seus congêneres obrigados a se esconder na sombra grande parte do dia: os alelos (variantes de genes), ao propiciarem a produção cutânea de melanina, tornaram-se então majoritários na população.

De certa forma, a espécie humana deu razão a Lamarck, ou pelo menos introduziu um mecanismo conforme suas teorias. Desde o surgimento da linguagem, a transmissão das experiências adquiridas, dos comportamentos e das técnicas realizou-se por via não-genética. O desenvolvimento das tradições orais, ou, logo depois, da escrita, acelerou o movimento. Claro que percebemos nos símios alguns modelos de transferência entre gerações, o uso de certos instrumentos, por exemplo, mas apenas o homem tornou essa transferência sistemática e a codificou — a ponto de dedicar, em nossas sociedades, um terço de sua existência à aprendizagem de conhecimentos precedentemente acumulados por outros. Além disso tudo, essa transmissão é acompanhada por um compartilhamento do conjunto das aquisições humanas que multiplica de modo considerável sua força...

Estabelece-se então uma evolução cumulativa sem qualquer equivalente no mundo animal: o que foi designado como Progresso. Progresso inegável, mensurável, quantificado e evidente em nossas condições materiais de vida, bastando-nos para isso compará-las às de nossos pais ou avós; poder sobre a natureza e o mundo, acumulação incrivelmente rápida de conhecimentos, potencialidades quase infinitas da tecnologia. No entanto, desconfia-se dessa palavra hoje. Desconfiança justificada. O progresso simbolizado pelas ingênuas capas dos cadernos escolares de minha infância — paisagem radiosa de fábricas futuristas e campos cultivados sobre os quais se ergue uma nova aurora, enquanto impressionantes aviões cujas hélices desenham quatro círculos perfeitos sobrevoam poderosos transatlânticos com chaminés enfumaçadas... —, esse progresso perdeu seus atrativos. Não conta com uma boa imagem na imprensa atualmente, pelo menos nos países ricos e entre as populações abastadas, que sonham antes com tradição, regionalismo, natureza intacta — sem por isso se mostrarem dispostas a abandonar seus automóveis, seus *gadgets* e seu conforto, nem a levar a dura vida de seus ancestrais camponeses...

Por sinal, o progresso está longe de ser universal. Ele não se aplica às artes: Picasso é superior a Rembrandt, Poulenc a

Bach, ou Proust a Homero? O absurdo da pergunta nos mostra que esses domínios não evoluem de maneira piramidal. Claro que os artistas de uma geração se apóiam em seus predecessores, nem que seja apenas para transgredir as regras estéticas que estes últimos tinham estabelecido e buscar assim novos efeitos... Mas o papel essencial da sensibilidade na arte exclui qualquer idéia de um avanço mecânico ou de um julgamento objetivo.

Por sua vez, a organização política das sociedades humanas poderia participar da lógica do progresso: idealmente, a experimentação contínua a que se dedica a humanidade há milênios sobre as diferentes formas de estruturar sua atividade, organizar a cooperação, deveria pouco a pouco resultar em formas mais eficazes e menos conflituosas. Esse progresso provavelmente existe, mas é bem lento e está sempre ameaçado... A liberdade, a igualdade e a fraternidade estão longe de reinar sobre o conjunto do planeta, e há muito a criticar sobre o que vem acontecendo, mesmo em países privilegiados. No entanto, a despeito de retrocessos dramáticos, talvez o homem mostre atualmente mais respeito pelo homem (e a mulher) do que há cem ou mil anos.

É no setor das ciências e da tecnologia que a acumulação se mostra mais manifesta e operacional. De dois ou três mil anos para cá, o conhecimento do mundo, da matéria e da vida progrediu de maneira contínua, apesar de alguns recuos bastante temporários, conhecendo uma aceleração considerável ao longo das últimas décadas. No domínio da genética, ao qual dediquei minha vida profissional, dá vertigem a comparação entre o que sabíamos em meados dos anos 1960, quando eu era um pesquisador calouro, e o que conhecemos atualmente... O sistema da ciência está funcionando a todo vapor. Centenas de milhares de pesquisadores e técnicos sulcam seu caminho, às vezes como indivíduos solitários (essas "toupeiras monomaníacas" tão bem qualificadas em outros tempos por Albert Einstein), às vezes em séquitos organizados de maneira quase militar. Os fiapos de conhecimento adquiridos, reunidos e classificados, logo são colocados na memória dos sistemas eletrônicos amplamente acessíveis. Como resultado disso ficam disponíveis para servir de base aos trabalhos seguintes. Assim, "empoleiradas sobre ombros de gigantes", as equipes de pesquisa atuais dispõem de uma tal soma de informações que os avanços são rápidos, mesmo na falta de indivíduos excepcionais.

A tecnologia, filha da ciência, torna essas doenças manifestas para todos. Num lapso de tempo incrivelmente curto, algumas dezenas de milhares de anos (uma fração de segundo na história da vida), a humanidade, pequeno grupo lutando por sua sobrevivência num imenso mundo hostil, tornou-se uma entidade dominante cujo impacto sobre o meio ambiente é de grande importância. A face noturna da Terra, vista do espaço, é um tecido quase contínuo de pontos luminosos; os trabalhos da engenharia civil que efetuamos deslocam anualmente um número de toneladas de terra e de pedras maior que o mobilizado pela erosão natural; e as modificações observadas na composição de nossa atmosfera, com conseqüências ainda dificilmente previsíveis, são sem dúvida resultado de nossa atividade. O homem seguramente não representa o fim da evolução, ainda menos seu objetivo, mas constitui de maneira inegável uma espécie diferente de todas as outras...

16. Um poder sem precedentes

Acordei com um troar surdo. Em algum lugar no alto-mar, uma ventania levantou violentas ondas cuja ressaca vem bater nos rochedos, um pouco abaixo de mim. Deitado acima do mar invisível, animalzinho frágil feito de carne, osso e sangue, sinto-me bem pequeno na noite imensa. O mundo dos homens, meu mundo, me parece bem distante, como se eu estivesse perdido no infinito do espaço e do tempo... Isso não passa de uma ilusão, meus semelhantes estão bem próximos, e seu poderio só faz aumentar... Eu mesmo contribuí para ele, sem necessariamente avaliar na época tudo o que estava em jogo.

Pois há bem pouco tempo acrescentamos a nossos poderes materiais o poder de intervir no ser vivo. Não nos contentamos mais em ler as mensagens inscritas no DNA, em destrinçar os mecanismos que animam a célula: aprendemos a modificar o genoma dos organismos. Na verdade, esses métodos, designados sob o nome global de engenharia genética, foram inicialmente utilizados com fins de pesquisa de base: foi recortando o DNA humano em fragmentos, isolando cada um deles numa bactéria, que conseguimos, a partir de meados dos anos 1970, proceder a seu estudo aprofundado; foi assim que isolei e depois decifrei "meu" gene de histocompatibilidade... Mas essas técnicas também são empregadas na realização de verdadeiras "manipulações genéticas": extração de um gene no DNA de uma espécie, seguida de sua inserção no genoma de uma outra a fim de conferir propriedades novas ao organismo *transgênico* assim obtido. Sabemos que a transferência de genes não é um fenômeno inédito: há milhões de anos essas trocas são produzidas no interior das espécies ou entre espécies vizinhas, e às vezes até mesmo entre reinos diferentes, bactérias e plantas por exemplo. Os genomas, ao contrário do que se pensava ainda recentemente, dão com freqüência provas de plasticidade, os genes "saltam", se inserem, se mutilam, são transportados por vírus...

Não importa: o que sabemos fazer hoje é radicalmente diferente. Primeiro porque a barreira entre espécies desapareceu completamente: nada nos impede de recortar um gene no DNA de um tomate e inseri-lo no genoma de uma galinha, ou de acrescentar um gene de medusa ao DNA de um macaco. As ferramentas que utilizamos são proteínas extraídas de bactérias, as enzimas de restrição, que funcionam como tesouras ultraprecisas. Elas reconhecem a localização de uma palavra de seis ou oito letras perfeitamente definida no DNA e a recortam nesse lugar, qualquer que seja sua proveniência. Aliás, nada diferencia verdadeiramente o DNA de um vegetal daquele de um animal ou de uma bactéria, a tal ponto que é impossível distingui-los *a priori*. A inserção do gene do DNA receptor estimula outras enzimas, que também funcionam com qualquer DNA. Finalmente, os mecanismos que governam a expressão dos genes são suficientemente universais para autorizar — mediante alguns ajustes — o funcionamento do elemento introduzido, qualquer que seja sua origem.

Existe uma outra diferença, ela também fundamental, entre a nossa maneira de proceder e a da natureza. Ao contrário das mutações aleatórias, da evolução que age às apalpadelas, nós perseguimos um objetivo determinado, e o gene que inserimos destina-se a obter um resultado definido — que pode ser o de aumentar a resistência de uma planta ao ressecamento, aumentar o valor nutritivo ou a conservação de seu fruto, ou ainda tornar a espécie resistente a um parasita ou a um poluente. Podemos também manipular o DNA de uma vaca ou de uma ovelha introduzindo nele um gene codante para uma molécula de interesse farmacêutico, um fator de coagulação sangüínea ou um hormônio de crescimento. A custa de uma delicada montagem molecular, esse produto será secretado no leite, a partir do qual é relativamente fácil purificá-lo. O animal transgênico tornou-se assim uma espécie de fábrica farmacêutica viva... Essas novas propriedades não são aquiridas ao acaso, depois validadas pela seleção e conservadas graças a ela: são escolhidas previamente como objetivo da manipulação. A nuance é essencial.

Somos agora capazes de *dirigir* realmente a evolução, manipular o genoma de organismos... Talvez logo saibamos realizar o que não conseguiu o mítico relojoeiro cego: montar um ser vivo segundo um plano lógico em função do papel que desejamos que ele desempenhe. Ainda não chegamos lá. A mais simples bactéria comporta pelo menos mil genes, e seríamos hoje certamente incapazes de reconstituí-la *ab initio*. Não dominamos a transferência simultânea de numerosos genes nem sobretudo a compreensão de suas interações, no entanto indispensável para prever o resultado de tais montagens. Por ora, trata-se apenas de modificar, adaptar conjuntos já existentes a fim de torná-los mais úteis, mais eficazes para os usos a que os destinamos. Mas o aperfeiçoamento das técnicas vai nos aproximar, provavelmente mais rapidamente que previsto, desse poder já em germe em nossa tecnologia atual.

Esse poder assusta, e a rejeição atual dos organismos modificados é prova disso. Essas apreensões são legítimas. O domínio técnico das manipulações genéticas está longe de ser perfeito. A inserção do gene estrangeiro no DNA do organismo receptor geralmente é feita ao acaso: impossível saber prévia ou exatamente em que região de que cromossomo ele vai se introduzir. As conseqüências biológicas da manipulação são, ao mesmo tempo, bastante variáveis, e é difícil excluir a possibilidade de efeitos inesperados e talvez nefastos. As "construções" (montagens de DNA) utilizadas freqüentemente contêm, por razões técnicas, genes codantes para antibióticos: o milho ou a soja modificados para serem refratários a um pararasita poderiam portanto contribuir para espalhar a resistência a esse antibiótico. O acréscimo, em princípio benéfico, de um gene que aumente o teor de proteínas de um vegetal pode ter como conseqüência o surgimento de alergias nos consumidores. Esses problemas próprios do método se desdobram em preocupações ecológicas: qual será o efeito da nova espécie sobre o ambiente? Um gene de resistência a um herbicida não poderá ser transmitido, a partir da planta modificada, para "ervas daninhas" pertencentes à mesma família vegetal? A história da introdução de novas espécies está repleta de catástrofes: criadas por interesse ou inadvertência, as variedades estranhas se revelaram invasoras e freqüentemente causaram prejuízos irreversíveis. Coelhos na Austrália, alga *Caulerpa taxifolia* no Mediterrâneo, ratões-do-banhado na França, a lista se estende quase ao infinito.

Além disso, ao contrário das profissões de fé amplamente difundidas, segundo as quais os organismos geneticamente modificados permitiriam lutar contra a fome no mundo, somos obrigados a constatar que seu aperfeiçoamento serviu sobretudo aos interesses de grandes firmas internacionais. Soja resistente a um herbicida vendido pela mesma empresa, variedades transgênicas modificadas de maneira a que o homem do campo não possa ressemear as sementes colhidas e seja obrigado a comprá-las a cada ano... O interesse para o consumidor e o agricultor está longe de ser evidente. O desenvolvimento dos organismos geneticamente modificados se inscreve numa lógica de globalização mercantil que tende para a dominação de alguns grandes grupos sobre o setor de agricultura, relegando o homem do campo a um papel de subcontratado numa cadeia de produção de que lhe escapam tanto a jusante como a montante.

Portanto, não faltam motivos para a desconfiança hoje reinante a respeito dos organismos geneticamente modificados, ainda mais que essa história acontece depois dos escândalos do sangue contaminado e da vaca louca. Logo, é perfeitamente concebível, e alguns se empenham nisso, tratar corretamente os problemas técnicos colocados pelos organismos transgênicos e orientar seu desenvolvimento num sentido que corresponda aos interesses da população. O primeiro ponto é assunto de regulamentações e normas, apoiadas em experimentos empreendidos em escala e duração suficientes para avaliar corretamente os riscos e encontrar os meios de amenizá-los. Fase que, evidentemente, deve ser realizada com transparência e sob o controle dos cidadãos — o qual não se resume à destruição de partes da experimentação... Quanto às aplicações realmente inovadoras e benéficas, não faltam: "arroz amarelo", enriquecido com vitamina A, cuja falta é causa de numerosas cegueiras na Ásia, tomates resistentes ao sal que podem ser cultiváveis em solos de outra forma inutilizáveis, plantas forrageiras com necessidade bem reduzida de água... Essas novas espécies, obtidas num tempo muito curto em relação às tradicionais técnicas de seleção, constituem sem dúvida um progresso e deveriam ser percebidas como a face positiva dos organismos geneticamente modificados — sem falar das aplicações farmacêuticas, que não são contestadas por ninguém.

Provavelmente a rejeição, não raro inflexível, desses métodos decorre da sensação de que uma proibição está sendo transgredida, de que uma mudança essencial em nossa relação com o ser vivo está em vias de se efetuar. Angústia que se assemelha à suscitada há 50 anos pela desintegração do átomo — embora, nesse caso, as aplicações mais devastadoras tenham aparecido em primeiro lugar... A nova situação diante do mundo biológico constitui uma ruptura ainda mais significativa, uma mudança capital em nossa relação como espécie, com o mundo. O ser humano, puro produto de uma evolução cega e sem objetivo, tomou uma distância radical em relação a esse mecanismo e encetou um processo que confere uma nova dimensão a seu futuro. Para além dos debates atuais sobre o milho ou a soja desponta uma pergunta importante sob outro aspecto: a espécie humana irá intervir em sua própria evolução? Já o fazemos de uma maneira bem parcial ao escolher entre os fetos *in utero* ou os embriões fecundados *in vitro*, estes isentos de doenças graves; iremos no futuro recorrer a métodos mais poderosos, já operacionais ou em breve disponíveis, para modificar numa direção escolhida previamente as características de nossos filhos?

Pergunta iconoclasta no clima atual, polarizado pela eventualidade (ainda pouco provável) da clonagem reprodutiva humana — tentativa ilusória de obter o "duplo" de uma pessoa. Mas tentemos recuar, projetar-nos no tempo da evolução. O homem moderno existe há cem mil anos, e esperamos que nossa espécie, sem obrigatoriamente atingir a longevidade dos dinossauros, persista por igual tempo, talvez mais. Cem mil anos — mas descobrimos a estrutura do DNA há apenas 50 anos... Onde estará a genética daqui a cem, mil anos? Podemos ficar seguros de que o homem, que atualmente detém o essencial dos instrumentos necessários, se absterá para sempre de intervir sobre seu próprio genoma? É verdade que essa perspectiva dá vertigens. Vemos claramente os descaminhos aos quais ela poderia conduzir, e é fácil imaginar todo tipo de roteiros desastrosos. Será por isso proibido refletir sobre essas possibilidades e considerar suas conseqüências?

17. A REVANCHE DO ROBÔ

Voltei a adormecer sob o céu imenso. Ao despertar, com o lado do corpo doído pelo contato do solo através do saco de dormir e os cabelos úmidos de orvalho, o sol já havia se levantado por trás do cabo. A encosta na qual passei a noite ainda está no escuro, mas a luz brinca nos alcantilados brancos que se erguem em frente, do outro lado da baía, atingindo aqui e ali o mar, cujo azul-escuro torna-se então radiante. Sentado dentro do meu saco de dormir, com as pernas no quentinho, respiro o ar puro, encho meus olhos com a paisagem que me rodeia e repenso em tudo o que me passou pela cabeça durante a noite...

Robôs desajeitados construídos por um relojoeiro cego, estávamos reunidos no curso de milhões de anos por um processo sem objetivo preestabelecido. E no entanto... A consciência, a subjetividade, as emoções reduzidas a essa combinação de inumeráveis átomos? Não existe aí uma realidade radicalmente outra, tão importante como a do DNA, do RNA e da evolução? Não convém invocar a esse respeito a intervenção de uma entidade superior? A meu ver, isso é totalmente inútil. A consciência pode, de maneira plausível, resultar da evolução e ser selecionada por ela. E é ela que constitui o salto qualitativo capital que faz do homem um ser diferente dos outros animais: todos esses elementos imateriais que desempenham papel tão importante em nossa vida decorrem dela.

Se me imagino acometido, no próximo minuto, de uma amnésia total e definitiva, sei que então meu corpo continuará a viver, a sentir emoções... Mas será habitado por um outro: terei irremediavelmente desaparecido como indivíduo. A continuidade da memória, o fio ininterrupto da consciência são essenciais para a nossa sensação de existir. É por meio dessa consciência que se afirma tudo o que fez nossa singularidade: os sentimentos, o amor, a espiritualidade. Emoções, tanto o camundongo como o gato e o cachorro também sentem: medo, talvez surpresa, curiosidade... Porém, vividas no imediato do instante, sem o recuo que proporciona o fato de se ver emocionando, sem a possibilidade de compartilhamento oferecida por uma linguagem que permita exprimi-las, essas sensações e reflexos que propiciam a sobrevivência do animal permanecem transitórios e fugazes. Nossas emoções perduram em nós, instalam-se em nossa lembrança, alimentam-se do que exprimimos a seu respeito, são partilhadas por nossos semelhantes. Sua realidade é indubitável, para além dos rastros que máquinas aperfeiçoadas descobrem em nosso funcionamento cerebral, assumindo às vezes uma intensidade e uma evidência que podem mudar o curso de uma vida.

A espiritualidade representa um campo complexo. O termo é vago, desconfio dele. Recobre tanto interrogações semelhantes às que tento formular como ilusões de vocação, no melhor dos casos consoladora, no pior, mortífera. Pois a consciência do futuro implica também a de nossa morte inelutável: insuportável realidade que tentamos ocultar o máximo de tempo possível, o mais freqüentemente possível. Ficamos atordoados em meio à posse de múltiplos bens materiais, gozo insignificante quando contemplado com um pouco de distância à fria luz de nosso inevitável desaparecimento. Ou, então, imaginamos prolongamentos para nossa vida terrestre. Paraíso dos Justos, Walhalla dos guerreiros tombados em combate, ou Jardim das Delícias povoado de odaliscas eternamente virgens... Sem chegar a esse ponto, tentamos integrar nossa existência num grande desígnio que, de certa forma, a justifique. Claro que é tentador se tranqüilizar conferindo artificialmente um sentido ao universo que nos rodeia a fim de lhe dar sentido e nele encontrar nosso lugar. Mas, religiões reveladas, "dialética científica da história" ou "Reich de mil anos", essas utopias cuja função real é nos consolar de nossa condição de animal efêmero se verificam amiúde opressivas e assassinas. Por uma terrível inversão, nascidas da angústia da morte, tornam-se suas alimentadoras. Pois no fundo desconfiamos sempre um pouco dessas visões de mundo... Torna-se então indispensável estabelecermos leis que certifiquem sua realidade, a fim de prová-la aos outros e, acima de tudo, a nós mesmos. E a melhor maneira de atestar a pertinência de uma doutrina é provavelmente estar disposto a matar e morrer em seu nome... As carnificinas insensatas que se confundem em nossa história passada, presente e, infelizmente, com toda probabilidade futura, me parecem amplamente ligadas a esse mecanismo psicológico mais que evidente, saída ilusória para o absurdo fundamental de nossa condição.

Detendo-nos por aqui, quantas neuroses exprimindo-se em espiritualidades etéreas, quantas frustrações sexuais sublimadas em delírio místico, quantas falsas respostas para perguntas verdadeiras... E no entanto a dimensão espiritual do ser humano é inegável: não precisa ser provada cientificamente, uma vez que está fundada no sentido, na emoção, no indizível. Ela *é* porque a experimentamos. Irredutível à nossa realidade material, não deixa de se impor por isso. No que me concerne, situo essa transcendência no nível do conhecimento e da reflexão sobre o que significa tal saber. Outros a colocam em outros lugares, o que me parece perfeitamente respeitável para que evitemos as falsas explicações solitárias...

A consciência sozinha não basta para fazer esse caminho: a linguagem e a comunicação desempenham um papel primordial. É o compartilhamento assim tornado possível que confere uma presença duradoura aos sentimentos, às emoções, às imagens e aos símbolos que nos habitam. Esse compartilhamento nos permite também dividir e fazer progredir nosso conhecimento do mundo. Conhecimento que, ao contrário do que alguns sustentam, é claramente um reflexo, uma representação da realidade, e não uma construção de nosso espírito ou da classe dominante. Claro que os modos de produção, os pressupostos ideológicos ou as relações de força no seio de uma dada sociedade têm influência sobre os objetivos e os métodos da pesquisa: não é certamente um acaso a contracepção feminina ter sido objeto, em nossas sociedades patriarcais, de muito mais esforços que a contracepção masculina, ou que as pesquisas sobre a hereditariedade do comportamento conheçam tal explosão nos Estados Unidos, pátria do mercado triunfante, do individualismo para ninguém botar defeito e da recusa das solidariedades sociais! Isso não impede... O código genético não é uma construção social, a despeito de alguns sociólogos, tampouco a evolução ou o modo de *splicing* do gene da distrofina. O genoma que deciframos tem uma realidade objetiva, ainda que nossa interpretação de seu funcionamento seja influenciada por nossos pressupostos ideológicos. Nossa descoberta dos segredos da Vida é provavelmente parcial e orientada, mas nem por isso deixa de ser autêntica.

O aspecto cumulativo desse empreendimento cognitivo, reforçado pela instantaneidade das comunicações e as possibilidades quase infinitas do tratamento informático dos resultados, aumenta mais sua força e seu poder de explicação. É seguramente nesse nível que damos a resposta mais brilhante a essa evolução cega de que somos os produtos. Esse processo puramente material, sem plano e sem objetivo, governado unicamente pelas leis da matéria e pela lógica implacável da evolução, eis que desemboca — sem o ter absolutamente buscado — em organismos capazes de analisá-lo, discernir suas leis, decifrar sua base material, e, dentro de um certo prazo, controlar sua manifestação — para o melhor ou o pior, como sempre... Essa transcendência implausível é bem real; não tira nada do absurdo de nossa condição, não anula a angústia da morte que nos espera a todos, não confere um sentido a esse universo, do qual afirma, ao contrário, o caráter essencialmente contingente. E, no entanto, nos coloca em outro patamar, atribuindo-nos um poder magnífico e insignificante: o de conhecer em profundidade este mundo de que somos o produto e, talvez, começar a verdadeiramente compreender a nós mesmos...

O sol, agora mais alto, ilumina o cabo com uma luz difusa. Atinge as pedras na beira da praia, que num instante passam do marrom escuro para um vermelho flamejante. As ondas se acalmaram com o nascer do dia; a água azul-escura, lisa, profunda, me atrai irresistivelmente. Vou me levantar, no ar frio da manhã, para comungar, com toda a minha pele, com esse mar eterno: mais uma vez, é a manhã do mundo.

Notas e sugestões de leituras

Não quis carregar meu texto com referências ou notas de rodapé, mas o leitor que desejar esclarecimentos ou pistas para reflexão encontrará abaixo alguns elementos relativos aos capítulos a que se referem.

A manhã do mundo

Imprescindível: o livro de Jacques Monod, *O acaso e a necessidade* (Lisboa, Europa-América, 2002).

Um exército de macacos

Sou um grande admirador de Richard Dawkins, cujo pensamento considero claro, rigoroso e bem menos "sociobiológico" (no sentido pejorativo do termo) do que o dizem certos de seus detratores. A obra básica, *O gene egoísta*, publicado em 1976 (portanto na pré-história, nos primórdios da engenharia genética, quando ainda se sabia pouca coisa sobre os genomas), que permanece surpreendentemente atual e correto (Gradiva, 1989). Uma visão bem particular da evolução e do darwinismo é apresentada por Stephen Jay Gould (por exemplo em *O sorriso do flamingo*, São Paulo, Martins Fontes, 1990).

A SOPA PRIMITIVA

Ver sobretudo o capítulo 2 de *O gene egoísta*; e, para uma visão mais completa e mais complexa, o capítulo 5 de *The Extended Phenotype*, do mesmo autor (Oxford University Press, nova ed., 1999, ainda não disponível em português).

DE UM OLHO A OUTRO

Refiro-me ainda a Richard Dawkins, que discute com bastante clareza a evolução do olho em *O relojoeiro cego* (cap.1 e 4) (São Paulo, Companhia das Letras, 2001). Um panorama (leitura mais árdua) sobre o gene Pax 6 e a morfogênese do olho pode ser encontrado no número de setembro de 1999 da revista *Trends in Genetics*: J. Gehring e Kazukho Iken, "Pax 6: mastering eye morphogenesis and eye evolution", *Trends in Genetics*, 1999, vol.15, p.371-7.

BABY FUGU

Dediquei ao Fugu uma "crônica" na revista francesa *Médecine/Sciences* ("Fugu Story", *Médecine/Sciences*, 1994, vol.10, p.1.154-6).

O DIA SEGUINTE AO TÉLÉTHON

A aventura da AFM, do Téléthon e de Généthon é contada, com toda sua dimensão emocional, por Bernard Barataud (*Au nom de nos enfants*, J'ai Lu, 1993). Uma visão mais científica, mas a meu ver contestável em certos de seus aspectos "societais", é fornecida por Daniel Cohen (*Les gènes de l'espoir*, Robert Laffont, 1993).

NOSSOS ANCESTRAIS, OS PEIXES

Encontramos essa história contada de maneira mais clara no site da Internet *Devonian Times* (http://www.mdgekko.com/devonian/), assim como em dois artigos publicados na revista *Discover*, em junho de 1995 (Carl Zimmer, "Coming onto the land") e janeiro de 1996 ("From fin to hand", do mesmo autor); esses dois artigos estão acessíveis no site da revista (http://www.discover.com/). Uma discussão nitidamente mais rigorosa (e mais árdua) foi publicada em agosto de 1997 na revista *Nature* (Neil Shubin, Cliff Tabin e Sean Carroll, "Fossils, genes and the evolution of animal limbs", *Nature*, vol.388, 1997, p.639-48).

O BUQUÊ DE VERÔNICA

A apoptose é descrita e celebrada por Jean-Claude Ameisen em seu livro *La sculpture du vivant* (Paris, Seuil, 2000). O programa Genoma Humano ao qual fiz alusão começou no final dos anos 1980, e sua conquista principal foi o seqüenciamento do conjunto do nosso genoma no início de 2000. Ver por exemplo o número especial de *Médecine/Sciences* ("La révolution du Genome", janeiro 2000).

A INVASÃO DOS NÁUTILOS

A "teoria Gaia" proposta por James Lovelock está apresentada (muito positivamente) num site da Internet (http://www.lancs.ak.uk/users/philosophy/mave/guide/) e é discutida sobretudo num artigo recente da revista *Nature* (Timothy M. Lenton, "Gaia and natural selection", *Nature*, vol.394, 1998, p.439-47).

A BRUMA DE UMA NOITE DE VERÃO

A questão dos neandertais e dos Cro-Magnon ainda é objeto de controvérsias. Creio que a versão aqui apresentada corresponde à opinião majoritária dos especialistas, apoiando-se nos dados mais recentes obtidos por análise de DNA. Ela foi exposta sobretudo pelo dr. Richard G. Klein num curso disponível na Internet (http://www.accessexcelence.org/bioforum/bf02/klein/). Uma visão próxima é desenvolvida especialmente por Josef Reichholf em *L'émergence de l'homme* (Paris, Flammarion, 1991); uma visão mais "favorável" ao homem de Neandertal é apresentada por Erik Trinkhaus e Pat Shipman em *Les hommes de Neandertal* (Paris, Seuil, 1992). Um artigo detalhado de Kate Wong na *Scientific American* (abril 2000, p.98-107) alude à possibilidade de que tenham ocorrido cruzamentos entre neandertais e homens de Cro-Magnon. Os recentes artigos científicos a esse respeito, que me parecem encerrar o debate, no essencial, são particularmente os de Ovnichinnikov et. al., "Molecular analysis of Neanderthal DNA from the northern Caucasus" (*Nature*, vol.404, 2000, p.453-4); de Krings et al., "A view of Neanderthal genetic diversity" (*Nature Genetics*, vol.26, 2000, p.144-6); e finalmente Kaessmann et al., "Great ape DNA sequences reveal a reduced diversity and an expansion in humans" (*Nature Genetics*, vol.27, 2001, p.155-6).

UMA ESPÉCIE SINGULAR

Sobre o *big bang* e as dobras do tempo, ver George Smott, *Dobras do tempo* (Rio de Janeiro, Rocco, 1995), e Hubert Reeves, *Últimas notícias do cosmo* (Gradiva, 1995).

UM PODER SEM PRECEDENTES

Michel Morange escreveu uma excelente história do desenvolvimento do gênio genético (*Histoire de la biologie moléculaire*, Paris, La Découverte, 1994).

Este livro foi composto em Berkeley e
Copperplate31 ab e impresso pela Cromosete
Gráfica e Editora, em janeiro de 2005.